生活用水和工业废水处理理论和技术研究

刘 杰 刘广奇 付靖超◎著

U0341328

北京工业大学出版社

图书在版编目（CIP）数据

生活用水和工业废水处理理论和技术研究 / 刘杰，刘广奇，付靖超著. —北京：北京工业大学出版社，2018.12（2021.5 重印）

ISBN 978 - 7 - 5639 - 6580 - 9

Ⅰ.①生… Ⅱ.①刘… ②刘… ③付… Ⅲ.①生活用水 – 水处理 – 研究②工业废水处理 – 研究 Ⅳ .① TU991 ② X703

中国版本图书馆 CIP 数据核字（2019）第 023860 号

生活用水和工业废水处理理论和技术研究

著　　者：刘　杰　刘广奇　付靖超
责任编辑：齐雪娇
封面设计：腾博传媒
出版发行：北京工业大学出版社
　　　　　（北京市朝阳区平乐园 100 号　邮编 100124）
　　　　　010 – 67391722（传真） bgdcbs@ sina. com
经销单位：全国各地新华书店
承印单位：三河市明华印务有限公司
开　　本：787 毫米 × 1092 毫米　　1/16
印　　张：10.5
字　　数：200 千字
版　　次：2018 年 12 月第 1 版
印　　次：2021 年 5 月第 2 次印刷
标准书号：ISBN 978 - 7 - 5639 - 6580 - 9
定　　价：56.00 元

前　言

　　水是人类生活和生产活动中不可或缺的基本资源之一。水资源的状况直接影响着经济社会发展和人们生活水平的提高，是综合国力的有机组成部分。伴随着时代的不断进步，城镇化建设进程日益加快，然而生活污水严重阻碍了城镇的发展脚步，它不仅会对城镇水源造成严重污染，还加重了城镇污水处理工作的负担，引发了水资源短缺和水污染不断加重的问题。工业废水是水环境污染的主要来源。要想把工业废水处理好，尽可能降低其对环境的污染，我们就必须有一套科学完整的废水处理工艺和先进的废水处理理论。针对目前我国水污染的现状，我们需要根据不同类别的水污染问题，进行科学的水处理，保障用水安全。因此，水处理理论与技术的研究势在必行。

　　本书针对生活用水和工业废水处理理论和技术进行研究，针对不同类别水处理的具体情况进行了阐述。首先，对饮用水处理理论与技术进行了详细的介绍，明确了饮用水处理中常用的水处理理论与技术；其次，从资源开发角度，分析了气田水处理的相关理论与技术；最后，针对工业废水的处理理论与技术，分别从钢铁工业水处理、印染水处理以及煤化工水处理三个部分进行了论述，期望达到提高生活用水和工业废水水处理理论与技术的良好效果。

　　本书共五章约 20 万字，由陆军勤务学院刘杰、中国城市规划设计研究院水务与工程分院刘广奇和河北建投水务环境工程有限公司付靖超共同撰写。在撰写本书过程中，作者倾注了大量心血和汗水，力求该著作尽可能地反映最新动态、教学改革和实践成果，也力求该著作在先进性、科学性与针对性、实效性方面实现统一，但由于作者水平有限，书中难免有不足之处，望广大读者批评指正。

目 录

第一章　饮用水处理理论与技术

近年来，由化学品污染和石油泄漏、工业事故排放等造成的突发性水污染事件的发生频率不断上升，严重威胁着城市饮用水安全。而我国的城市供水企业普遍不具备应对突发性水污染的应急处理能力，缺乏系统、全面应对突发性水污染的应急处理技术。供水行业迫切需要进行饮用水应急处理技术的研究。当前，我国正处于社会发展的转型期，以破坏环境为代价换取经济增长的发展方式导致了各类水源突发污染事故的高发，使城市供水安全受到严重的威胁，损害了人们的身体健康，制约了经济的进一步发展，影响了社会的稳定。突发性水体污染在爆发时间、作用强度和污染物种类上，有着不同于一般水污染的特点。为有效应对突发性水污染事件，必须研究开发具有针对性的饮用水处理技术。

第一节　饮用水处理概述

水是自然界中一切生命赖以生存的基础，是社会发展必不可少的重要资源。广义的"水资源"是指自然界中各种形态（固态、液态和气态）的存在于地球表面和地球岩石圈、大气圈和生物圈中的水；狭义的"水资源"是指地球上可利用的或者可能被利用的、可以更新的淡水资源。地球上水的总量约为 $13.86 \times 10^8 \ km^3$，其中96.5% 是海水，这部分水不能直接用于生产、生活及农田灌溉；与人类生活息息相关的淡水总储量只有 $3.5 \times 10^7 \ km^3$，约占水总储量的 2.53%。淡水总储量 88% 为固态，其余的大部分为地下水，实际上可供人类生活和生产取用的淡水储量仅为水总储量的 0.014%。由于世界人口快速增长、工业迅猛发展、水体污染日趋严重以及水资源在时空上分布不均等因素，世界不同地区频繁出现"水危机""水荒""水贫困""水难民"，甚至"水战争"。联合国《世界水资源综合评估报告》指出，水问题将严重制约 21 世纪全球的经济与社会发展，并可导致国家间的冲突。

一、我国水资源现状

我国水资源总量约为 $2.81 \times 10^3 \, km^3$，居世界第 6 位，但人均水资源仅为 2 221 m^3。按照国际公认的标准，人均水资源占有量低于 3000 m^3 为轻度缺水；人均水资源占有量低于 2 000 m^3 为中度缺水；人均水资源占有量低于 1 000 m^3 为严重缺水；人均水资源低于 500 m^3 为极度缺水。我国的人均水资源占有量仅为世界人均占有量的 25%，只排在全球第 121 位。我国是世界上 13 个贫水国之一。此外，我国目前有 16 个省（市、自治区）人均水资源占有量（不包括过境水）低于严重缺水线；有 6 个省（自治区）（河北、山东、河南、山西、江苏、宁夏）人均水资源占有量低于 500 m^3。在我国近 700 个城市中，60% 存在供水不足的问题，其中有近 20% 严重缺水，日均缺水量达 $1.6 \times 10^7 \, m^3$。全国城市年总缺水量将近 $6 \times 10^9 \, m^3$，每年受水资源匮乏影响损失的工业产值高达 2 300 亿元，严重影响了人们的生活，限制了工农业生产和城市的发展。据预测，2030 年中国总人口将达到 16 亿，届时人均水资源占有量仅为 1 750 m^3。水资源成为制约 21 世纪中国社会经济持续发展的重要因素。

除了人均水资源占有量不足之外，我国的水资源空间分布与人口分布也不协调。北方地区（黑龙江、辽宁、内蒙古、山西、河北、河南、北京、天津等）的水资源总量占全国水资源总量的 1/7，而人口却占全国总人口的 2/5；西南地区水量丰富，水资源总量占全国的 1/5，人口却只占全国总人口的 1/100；淮河流域水资源总量占全国的 3/100，开发利用程度在 3/5 以上，但该流域污染严重，缺水情况很严重，是资源性缺水和水质性缺水并存的地区。由于缺水，大多数城市大量超采地下水，造成地下水水位严重下降，地面沉陷。有的城市采用远距离引水和跨流域调水等措施，虽然缓解了城镇用水的困难，但也出现了一系列的环境问题。城镇的膨胀式发展已使当地的水资源不堪重负，水资源短缺已成为国民经济和社会发展的制约因素。

水危机的另一个表现为水环境污染，这是由水环境质量下降而引发的危机。人类饮用水水源主要来自江河、湖泊、水库等，少部分取自地下水。随着经济社会的发展，大量含有有毒、有害物质的工业废水、生活污水未经处理或只经过部分处理就排入了天然水体，直接或间接地造成饮用水水源的污染。2009 年《中国环境状况公报》显示，我国地表水、地下水污染严重。地表水中除西南诸河水质良好外，其他水系均有不同程度的污染，其中海河为重度污染，黄河、辽河为中度污染。地表水国控监测断面中，不适宜作为饮用水源的 4～5 类与劣 5 类水质的断面比例为 42.7%。26 个国控重点湖库中，4～5 类与劣 5 类水质的有 20 个，占 76.9%，其中"三湖"中太湖和滇池总体水质为劣 V 类，巢湖水质为 V 类。此外，地下水环境也不容乐观，通过对北京、吉林、辽宁、上海、江苏、海南、宁夏、广东 8 个省（市、自治区）的 641 眼井的水质监测发现，水质不适合作为饮用水用途的IV～V类监测井的比例高达73.8%。对全国重点城市的397个集中式饮用水源地的监测表明，重点城市年取水总量中不达标水量占了年取水总量的27.7%。全国监测评价水功能区3 219个，按水功能区水质管理目标评价，全年水功能区不达标率为57.1%。此外，2009年我国废水排放总量为589.2亿吨，严重破坏了河流水环境，一大批省市面临着"水质污染型"缺水的威胁。

严重威胁人类身体健康的水污染已经并将继续对人类的生命健康造成巨大的伤害。据世界卫生组织统计，目前全世界有29亿人喝不上干净水，每年至少有1 500万人死于水污染引起的疾病。我国农村有3亿多人饮用水不安全，其中约6 300万人饮用高氟水，200多万人饮用高砷水，3 800多万人饮用苦咸水，1.9亿人饮用水中有害物质含量超标。全国151个地表水源区65.4%的人口饮用不符合饮用水标准的水，其中约2亿人饮用大肠杆菌含量超标的水，1.64亿人饮用有机污染超标的水。与水源污染有关的疾病有50多种。

中国工程院为国家编制的《中国可持续发展水资源战略研究报告集》指出，当2010年和2030年城市污水的有效处理率分别达到50%和80%时，城市污水对水资源的污染负荷并没有明显减弱，这是因为虽然污水处理率增加了，但污水排放量增加得更快。因此，开发天然水资源之外的新的水资源，缓解日趋严峻的缺水问题势在必行。

二、饮用水净化技术的发展与应用

如今，随着科学技术的不断发展，饮用水净化技术不断得到提高。饮用水净化技术的发展与应用情况如下。

（一）饮用水净化技术的发展历史

饮用水的净化与人类社会的发展密切相关。早在4 000年前印度人就用木炭处理水，3 500年前埃及人就饮用过滤后的水。意大利威尼斯市是世界上最早供应过滤水的城市。饮用水净化技术的发展大致经历了三个阶段。第一阶段是19世纪初到20世纪60年代。当时，霍乱、痢疾、伤寒等烈性介水传染性疾病大肆蔓延，造成数以万计的人失去生命。这促使了第一代净水工艺——混凝—沉淀或澄清—过滤—消毒工艺的形成。该工艺主要去除水中的悬浮物、胶体及细菌，使烈性介水细菌性传染病的流行得到有效控制，为当时社会发展做出了巨大贡献。20世纪中期，烈性介水病毒性传染病，如肝炎、小儿脊髓灰质炎流行开来。研究人员发现，这类病毒通常附着在水中的颗粒物上，若将颗粒物去除，使出水浊度低于0.5NTU，再经过氯化消毒，就可以控制病毒性传染病的流行。因此浊度不仅仅是一个感官指标，它与水安全性密切相关，美国已将浊度正式列为微生物学指标。鉴于对浊度的更严格的要求，第一代饮用水净化工艺得以进一步发展。

第二个阶段是从20世纪70年代至20世纪80年代。由于城市和工业的迅猛发展，饮用水水源受到生活污水、工业废水的污染，研究人员在饮用水中发现了众多有毒、有害的有机物，而采用第一代饮用水净化工艺不能对此进行有效去除。对水进行消毒时，这些有机物与氯反应可生成三卤甲烷（THMs）、卤乙酸（HAAs）等氯化消毒副产物（DBPs），这些副产物可使人体发生致癌、致畸、致突变（"三致"）反应。饮用水的化学安全性受到威胁。在此背景下，美国、日本及欧洲各国对如何去除水中的微污染物质进行了深入研究，提出了臭氧氧化、活性炭吸附、生物预处理、高级氧化以及膜分离等饮用水深度处理技术。其中，臭氧－活性炭联用技术为此阶段具有代表性的深度处理工艺。

第三阶段是从 20 世纪 80 年代至今。在此期间，研究人员在饮用水中发现了贾第鞭毛虫和隐孢子虫（"两虫"）。1988 年至 1993 年，美国科研人员分析了 347 个地表水样，贾第鞭毛虫和隐孢子虫的检出率在 50% 以上。氯消毒虽然能将贾第鞭毛虫灭活，但投加氯又会引起水中 DBPs 的增加。而且，"两虫"对氯、臭氧等消毒剂有很强的抵抗能力，消毒不能保证 100% 的灭活效果。经研究发现，去除"两虫"的最佳手段是物理过滤。虽然采用传统的工艺（混凝—沉淀—过滤）也能达到去除"两虫"的效果，但需要滤池保持在最佳状态运行，一旦滤池出现问题，去除效果就无法保证。当采用微滤膜和超滤膜去除"两虫"时，出水的"两虫"数量可稳定地降至测定范围。

天然有机物（natural organic matter，NOM）为存在于天然水体中的具有复杂结构的一类有机物，其中 85% ~ 95% 为腐殖质。腐殖质主要是动植物残骸在腐烂过程中因微生物降解而产生的中间产物和代谢产物，腐殖质是对这类亲水性、多分散物质的统称，分子量在数百到数万之间。腐殖质按溶解性可分为腐殖酸和富里酸两大类，腐殖酸可溶解于碱性或微酸性水环境中，但不溶于强酸性水环境中；而富里酸在碱性或酸性环境中均可以溶解。腐殖质是天然水体中的主要成色物质，同时，腐殖质可与金属离子发生络合反应，成为水中有害金属离子的载体，也可附着在胶体或细菌、病毒、藻类等表面，使其更稳定，增大了水处理难度。同时，腐殖质可与氯发生反应生成 DBPs。因此，如何去除水中的天然有机物成为引用水行业越来越重要的研究课题。去除 NOM 的方法有强化絮凝法（enhanced coagulation）、颗粒活性炭吸附法（GAC absorption）和膜过滤法（membrane filtration）。其中强化絮凝法去除 NOM 效果差；活性炭吸附 NOM 效果好，但费用较高；膜过滤法是去除 NOM 和 DBPs 前体物最好的方法。

（二）饮用水深度净化技术的研究与应用

目前常用的饮用水深度处理方式主要有对常规处理工艺的强化、臭氧－活性炭技术、高级氧化技术和膜处理技术。

常规处理工艺的强化包括强化混凝 / 优化混凝、强化气浮 / 沉淀与强化过滤。强化混凝的概念由美国水工协会在 20 世纪 90 年代提出。它是指在水处理常规混凝过程中，在保证浊度去除效果的前提下，通过提高混凝剂的投加量来提高有机物（相应的也即消毒副产物的前体物）去除率的工艺过程。强化混凝是基于混凝剂投加量的提高或对 pH 值的精确控制得以实现的。优化混凝是在强化混凝的基础上发展而来的混凝过程，以期达到最大化地去除水中的颗粒物与浊度、最大化地去除总有机碳（TOC）与 DBPs 前体物、减少混凝剂用量、减少污泥产量以及最小化生产成本等多重目标。强化气浮与沉淀工艺是指在现有气浮与沉淀工艺的基础上，优化其工艺参数与运行操作条件，改进处理单元本身的不足，使其对污染物，特别是对有机物的去除达到最佳效果。强化过滤主要从以下几方面考虑：①根据多级屏障的概念，增加预处理设施或采取滤前化学处理设施，降低颗粒的稳定性，提高过滤效率；②选择合理的设计参数；③对滤池进行正确的操作和维护运行。

臭氧－活性炭联用技术于 1967 年首次应用在德国的水厂，主要用于去除水中的溴和味。在臭氧－活性炭联用技术中，臭氧氧化主要有以下几种作用：①将部分有机物氧化分解成水和二氧化碳，减轻活性炭的有机负荷；②将大部分有机物，尤其是 THMs 前体物分解成易于被活性炭吸附和被生物降解的小分子有机物；③增加水中的溶解氧含量及活性炭表面的氧含量，为好氧微生物的生长提供充足的氧，提高微生物对有机物的降解能力。臭氧氧化为后续的活性炭吸附有机物、微生物生长与繁殖提供了良好的条件。将活性炭作为一种吸附介质，是完善常规处理工艺以去除水中有机污染物的最成熟有效的方法之一。臭氧－活性炭联用技术对水中的溴、味、有机物、THMs 前体物以及合成有机物均有良好的去除作用，同时可延长活性炭的使用周期，降低处理成本。但臭氧－活性炭技术在应用中也存在一些问题，如工艺环节较多，运行操作复杂，臭氧投加量难以被准确计算等。今后的研究重点为臭氧－活性炭系统的优化运行、工艺强化及应用安全性等方面。

高级氧化技术（AOPs）又称为深度氧化技术，是格莱兹在 1987 年提出的概念，指反应系统中可以利用生成的有效浓度的羟基自由基（·OH）来氧化有机物去除污染的工艺。高级氧化技术是饮用水深度净化处理的先进技术之一，它可用于常规处理流程前、流程中和流程末，来进一步降低水中难氧化有机污染物的浓度，改善某些由难降解有机物引起的色、溴、味问题。既然一部分有机物难以用常规物理化学法和生物处理法去除，AOPs 可能成为今后水处理的最佳选择。

膜分离技术是以外界的能量或化学位差为驱动力，采用天然或人工合成膜，对多组分溶质和溶剂进行分离、分级、提纯和富集的方法。膜按照分离机理可以分为反应膜、离子交换膜、渗透膜；按照性质可以分为天然膜和合成膜；按照结构形式可以分为平板式膜、管式膜、卷式膜和中空纤维式膜。膜分离技术应用于水处理主要有以下几个优点：第一，可处理各种原水，得到高质量的出水；第二，易实现自动控制。

在饮用水处理中常用的膜有 4 种：微滤膜（MF）、超滤膜（UF）、纳滤膜（NF）和反渗透膜（RO），这 4 种膜的分离技术的实现都是靠压力来驱动的。在压力作用下，溶剂和一定量的溶质能够通过膜，而其余组分被截留。膜分离技术作为饮用水处理的新工艺，近 20 年来取得了重要的技术突破，特别是微滤和超滤技术。1987 年，美国 Key Stonecolo 采用外压式中空纤维微滤膜，建成世界上第一座膜分离净水厂。1988 年法国阿蒙科特市建成了使用醋酸纤维素中空纤维超滤膜的膜分离净水厂。目前世界上最大规模的膜分离净水厂位于美国明尼苏达州明尼阿波利斯市，采用内压式超滤膜，产水量为 $2.65 \times 10^5 \, m^3/d$。到 2006 年底，全球采用低压膜工艺的水处理规模已经达到 $1.33 \times 10^8 \, m^3/d$。目前国外膜过滤技术发展的一个主要趋势是将膜过滤与其他预处理工艺联用，来提高膜的过滤性能，其主要目的是对水中的微污染物和 DBPs 前体物进行强化去除，并减轻膜污染。2005 年通过对 64 个膜分离净水厂的调查发现，70% 的水厂都采用了不同的预处理方式。

大规模工程应用的预处理方式主要有混凝、吸附、氧化和介质过滤四种。通过采用絮凝—微滤和两种超滤方式（全量过滤和错流过滤）分别对地表水进行处理，发现微滤和超滤均可使地表水浊度从 1 ～ 100 NTU 稳定小于 0.1 NTU。微滤和超滤也都能去除部分金属，如铁、铝、镁等。絮凝—微滤可使 COD_{Mn} 从 3 ～ 16 mg/L 降到 2 mg/L，而单独的超滤能使 COD_{Mn} 降到 3 mg/L。若在超滤前增加粉末活性炭或者颗粒活性炭（GAC），则超滤去除有机物的效率会更高。另外，在超滤前投加 $FeCl_3$ 絮凝剂来处理高浊度太湖水，结果表明，增加絮凝后不仅可以得到更高品质的饮用水，超滤系统还可在高膜通量下运行，膜的化学清洗周期也得到了延长。采用 13 种不同的工艺对传统净水厂进行升级改造的中试研究表明：去掉前加氯、增加 GAC 可去除溶解性有机物和消毒副产物的前体，但溴和味不能被很好去除；纳滤及其预处理（微滤 / 超滤）可去除有机物和无机物，出水的感官性状和生物稳定性良好。

（三）我国自来水厂净水工艺的应用现状

我国目前 90% 以上的自来水厂仍然采用混凝—沉淀—过滤—消毒的传统净水工艺。这种工艺是建立在有合格水源的基础上，以去除浊度和细菌为主要目标的。但作为饮用水水源的地表水与地下水的污染日益严重，特别是水源水中有机物种类与含量的增多、富营养化现象严重、藻类突发性生长、处理后的饮用水中以藻类为食的剑水蚤的出现，以及红虫的繁殖等种种污染严重威胁着人们的健康。此外，我国在 2006 年颁布了新的饮用水水质标准——《生活饮用水卫生标准》（GB 5749—2006）。新标准对污染物种类及含量的限制更为严格：检测项目从原有的 35 项增加至 106 项，其中无机化合物从 10 项增加至 21 项，有机化合物从 5 项增加至 53 项，微生物指标从 2 项增加至 6 项，感官指标和一般理化指标由 15 项增加至 20 项。鉴于上述多种因素，必须采用深度处理技术来保证饮用水的安全。

我国一些经济较发达地区在传统净水工艺基础上，增加了臭氧 - 活性炭处理工艺。北京田村山水厂是我国第一座有臭氧 - 活性炭深度处理工艺的较大型水厂，

处理规模为 $1.7\times10^5\,m^3/d$。此外，深圳笔架山水厂、浙江嘉兴石臼漾水厂、浙江桐乡果园桥水厂等都采用了臭氧－活性炭工艺。该工艺去除有机物效果良好，但也存在不足：出水会带走活性炭表面的一部分生物膜，使出水浊度不够稳定，同时形成生物膜的细菌也进入出水中，可能导致出水的微生物安全性降低；当原水溴离子含量较高时，出水溴酸盐浓度可能超标，而溴酸盐已被国际癌症研究机构认定为有较高致癌可能性的潜在致癌物。

近年膜分离净水工艺在我国自来水厂饮用水净化中逐渐得到应用，主要包括微絮凝—直接超滤工艺、混合—絮凝—超滤工艺、混合—絮凝—沉淀—超滤工艺以及常规处理－臭氧活性炭—超滤工艺等组合工艺。在大规模工程应用方面，我国东营市南郊水厂采用浸没式超滤膜与高锰酸钾预氧化、粉末活性炭的组合工艺，处理规模为 $1\times10^5\,m^3/d$；无锡中桥水厂采用臭氧－活性炭超滤工艺，选用国外立式超滤膜，处理规模为 $1.5\times10^5\,m^3/d$；杭州清泰水厂采用预臭氧—混凝—沉淀—炭砂滤池—超滤工艺，选用国产立式超滤膜，处理规模为 $3\times10^5\,m^3/d$；北京水源九厂采用浸没式超滤膜工艺，处理规模为 $5\times10^5\,m^3/d$；苏州渡村水厂采用微絮凝—直接超滤工艺，膜组件采用国产立式PVC中空纤维膜组件，处理规模为 $1\times10^4\,m^3/d$；天津杨柳青水厂采用混合—絮凝—超滤工艺，膜组件为立式PVC中空纤维膜组件，处理规模为 $0.5\times10^4\,m^3/d$。以上出水水质均满足《生活饮用水卫生标准》（GB 5749—2006）的要求。

三、污水回用技术的发展与应用

（一）污水回用的发展历史

国外污水回用技术起步于20世纪早期，美国加利福尼亚州最早提出污水的回收与再利用，并于1918年公布了第一项有关污水回用的规定。最早的污水回用处理工程出现在20世纪20年代末。当时美国亚利桑那州和加利福尼亚州将污水处理后回用于农田灌溉。目前美国污水回用量中约60%回用于农田灌溉，30%回用于工业用水和高层建筑生活用水。2000年，美国加利福尼亚州的污水再生利用量已经达到 $8.64\times10^8\,m^3/d$。

日本早在20世纪60年代就考虑将城市污水回用于工业和生活。到20世纪80年代中期，日本的污水回用量就达到了 $0.63\times10^8\,m^3/d$。20世纪90年代，日本濑户内海地区新鲜水用量仅为总用水量的1/3，另外2/3均采用污水回用再利用。东京江东区与城北区的污水回用量达到 $40\times10^5\,m^3/d$，其中80%回用于工业。

新加坡是淡水资源极其匮乏的国家，其所需的淡水约有1/2需从邻国马来西亚进口，因此，新加坡十分重视污水回用。早在1989年，新加坡污水处理率就达到了100%。新加坡樟宜水厂以三级处理污水作为原水，采用超滤—紫外光—反渗透工艺，每天生产19万吨新生水作为饮用水源。

中东属于极度缺水的干旱地区。以色列是世界上人均污水回用量最高的国家，污水回用于农业的比例 65% ～ 70%，利用污水 $2.6 \times 10^8 \, m^3/d$，占总用水量的 1/6。科威特于 2004 年建设的苏莱比亚污水回用厂，处理量高达 $6 \times 10^5 \, m^3/d$，出水用于饮用和农田灌溉。

我国的污水回用大致经历了起步阶段、技术储备与示范引导阶段和全面启动三个阶段。在 20 世纪 80 年代初期，由于国家开始大力进行经济建设，而水资源短缺影响了国民经济的发展，因此建设部将城市污水回用列入"六五"专项科技计划，开始进行试验探索。1985 年至 2000 年，污水资源化相继被列入国家的"七五""八五""九五"重点科技攻关计划。我国科研人员对各种污水回用技术进行深入、系统的研究，取得了一系列研究成果，并最终得出了一套系统的污水回用技术。2001 年开始的"十五"计划中，国家将污水回用正式写入文件，这标志着污水回用进入全面启动阶段。截至 2009 年 2 月，我国已建成并运营的污水处理厂有 1572 座，设计规模已经达到 $9.1 \times 10^7 \, m^3/d$，实际处理量为 $6.9 \times 10^7 \, m^3/d$，占城市供水总量的 50%。但我国污水再生利用率很低，2010 年我国城市污水再生利用量达到 $6.8 \times 10^6 \, m^3/d$，仅占污水处理量的 10%。即使是节水工作走在全国前列的北京，2008 年的中水利用量也仅为 $6 \times 10^8 \, m^3$，占全市用水总量的 17%。已经投产的城市污水回用工程约有 50 多个，主要采用的是消毒、纤维过滤、砂滤、滤布滤池等深度处理工艺。采用膜分离技术的有山西阳泉污水处理厂污水回用工程，规模为 $4 \times 10^4 m^3/d$，出水作为电厂循环冷却水的补水。唐山南堡开发区污水处理、污水回用工程采用立式超滤膜与反渗透系统，规模为 $6 \times 10^4 \, m^3/d$，出水作为电厂循环冷却水的补水。

（二）污水回用技术的研究与应用

目前采用的污水回用技术主要有混凝—絮凝—澄清—过滤—消毒工艺、活性炭吸附、生物脱氮除磷、曝气生物滤池、膜分离技术等。混凝—絮凝—澄清—过滤—消毒工艺可以进一步去除二级处理出水中的悬浮物、浊度、BOD_5、COD_{Cr} 等。活性炭吸附可以有效去除残存的溶解性有机物、胶体粒子、微生物、余氯、痕量重金属等。曝气生物滤池技术集生物降解与过滤功能为一体，可以进一步去除水中残存的有机物、悬浮物等。

膜分离技术自 20 世纪 60 年代兴起以来，因其效果好、能耗低、占地少、自动化程度高等诸多特点，在医药、食品、钢铁、电力、化工等各个行业开始得到广泛应用。随着膜分离技术的不断发展和新兴膜材料的开发研制，膜价格不断下降，为其在污水回用领域中的应用提供了有利条件。污水回用采用的膜分离技术主要有微滤、超滤和反渗透。近年来的研究重点是采用膜与其他工艺的组合工艺，对有机物进行进一步的去除。

在城市污水回用工程应用方面，北京市在全国处于领先地位。北京市北小河污水处理厂二期工程是北京奥运村配套工程，采用膜生物反应器（MBR）技术，处理规模为 $6×10^4 m^3/d$，出水达到《城市污水再生利用城市杂用水水质》中较为严格的车辆冲洗水质标准，为奥运村、大屯开发区等 23.75 km^2 绿地提供绿化用水。此外，还新建了 $1×10^4 m^3/d$ 的反渗透处理系统，以 MBR 出水为原水，产水达到《地表水环境质量标准》3 类水体水质要求，向部分奥运场馆提供冲厕、绿化用水，向奥林匹克森林公园提供景观补充用水。

北京清河污水处理厂再生水工程一期工程采用浸没式超滤工艺，于 2006 年建成投产，供水量 $8×10^4 m^3/d$，其中 $6×10^4 m^3/d$ 再生水作为奥运公园水景及清河的补充水源；二期工程规模为 $32×10^4 m^3/d$，建成后将是我国最大的城市污水再生水项目，设计出水水质满足《再生水回用于景观水体的水质标准》，部分水质达到《地表水环境质量标准》Ⅳ类水体水质要求。目前，北京市已建成北小河、温泉、永丰、昌平、亦庄等城市污水回用工程 13 个，出水用于城市杂用水与景观用水。北京中心城区正在全面启动现有污水处理厂的升级改造，以期实现污水处理从量向质的转变，逐步实现污水资源化。

第二节 饮用水处理中的膜分离理论与技术

随着我国工农业的飞速发展，城市建设规模不断扩大，对淡水资源的需求量急剧增加，然而由各种污染导致的水源的不断匮乏加剧了水的供需矛盾。与此同时，新的《生活饮用水卫生标准》（GB 5749—2006）加强了对有机物、微生物以及水质消毒等方面的规定，对饮用水处理提出了更高的要求。目前，我国大部分水厂仍采用以化学混凝—砂滤工艺为主的给水处理工艺。面对严格的水质标准和严峻的水污染形势，传统的制水工艺已经逐渐显现出弊端，大部分水厂面临新一轮的技术升级和改造。膜分离技术具有高效、低耗能、操作简单、无相变、无污染等优点，已在诸多行业得到广泛应用，特别是在水处理领域的应用越来越广泛。

一、膜分离技术概述

要解决饮用水安全问题，不仅要在检测方面更加严格，也要加强污染治理，同时在水处理工艺方面也应该更加趋于完善。要不断开发和推广更加实用的水处理技术，利用更加先进、高效、节能的技术消除或者减少水污染。城市饮用水的工艺发展概括起来经历了三代工艺：第一代是混凝—沉淀—过滤—消毒工艺，这一工艺使传染病的流行得到控制；第二代是针对 20 世纪 70 年代后出现的一些致癌化学物质，在第一代的基础上增加了臭氧颗粒活性炭的工艺；为了保持水的生物稳定性以及化学稳定性，去除水中更加复杂的物质，衍生出了以膜分离技术为核心的第三代工艺。膜分离技术被认为是 21 世纪具有重大发展潜力的高新技术。

（一）膜分离技术应用现状

膜分离技术是在 1920 年前后被研究出来的。经过几十年的快速发展，膜分离技术已经渗透到多个领域，得到了广泛的应用。此项技术不仅兼有分离、浓缩、纯化和精制功能，而且具有高效、节能、环保、分子级过滤以及过滤过程简单、易于控制等特性。膜分离技术与萃取、脱色等传统的分离技术相比，具备效率高、能量消耗低、易操作、无相变且可回收、零污染等优点，不愧是一种高新技术。

目前，膜分离技术的应用是多方面的。在传统工业（如冶金、制药、食品、化工与电子等），膜分离技术已经被普遍应用。在能源行业中，只要涉及天然气、生物利用和燃料电池等方面，就会用到膜分离技术。不仅如此，随着科技的发展，膜分离技术的应用已经进入到生态环境领域，如二氧化碳（CO_2）的控制、除尘以及洁净燃烧等。在水处理行业中，膜分离技术的应用已经涉及海水淡化、工业废水处理以及城市废水资源化等。膜分离技术在水处理方面应用得最广泛的就是饮用水的净化。目前世界上许多发达国家，如美国、法国、澳大利亚等在饮用水处理时已把膜分离工艺作为优先考虑的方案。有关资料显示，如今膜产品每年的世界消费金额高达百亿美元，且年增长率在 20% 左右。

关于膜分离技术的举足轻重的地位，国内外把它的发展称为"第三次工业革命"。日本也非常重视膜分离技术研究，把其归为基础技术。西方发达国家的科学家投入大量的财力与物力研究膜分离技术。它在当今科技发展中的地位举足轻重，它就像新材料科技界的新生儿，正在科学家们的呵护中茁壮成长。

（二）膜分离技术的特点、分类及应用

为了更好地了解和认识饮用水处理中的膜分离技术，特做以下几方面的介绍。

1. 膜分离技术的特点

膜分离技术作为一项 21 世纪发展潜力巨大的高新技术，具有以下几个特点。

①耗能低。膜分离技术在分离过程中不发生化学反应，不发生状态变化，与传统的分离方法相比，其具有耗能低的特点。在能源危机的时代，对于克服能源危机，膜分离技术具有划时代的意义。

②可常温操作。膜分离技术可在 25 ℃ 左右的常温操作，因此其非常适合处理对温度（特别是高温）敏感的物质，如食品、化学药品、试剂等的分离操作。

③适用范围广。膜分离系统在操作过程中本身属性不会改变，不会产生物质，也不会改变其他物质的成分或性状，无须添加催化剂等，从而避免产生二次污染，可应用在分离多杂质的复杂废水方面。无机物、有机物的分离可以使用膜分离技术，同时病毒和细菌等的分离也可以使用该技术。另外，一些特殊溶液体系的分离，如沸点相同或接近的物质，同样也在其分离的范围内。

④所需设备简单，成本低。膜分离系统的工作动力来源于压力，因此其操作设备并不复杂，且非常容易操作，维修简单。由于设备占地面积小，水处理效果

好，膜材料和膜系统价格不高，非常适合工程改造。

⑤可控性强。膜分离技术设备可控性强，可以利用电子信息技术实现远程操控，运行简单，利于管理，与电子技术结合可实现高科技产业化管理。

2. 膜分离技术的种类

分离膜有固体形态膜，也有液体形态膜。大部分分离膜是有机高分子固体膜。无论何种形态，分离膜必备的条件是具有较大的透过速度和较高的选择性。膜分离技术的运用相当灵活，可以根据不同的材质或结构而选择不一样的操作系统。另外，无论气态还是液态，均可以利用膜分离技术来实现分离。膜分离技术最大的特点是利用动力操作，推动力也呈多样化，或是压力差，或是温度差，或是浓度差，或是电位差，根据不同的分离体系和用途可以选用相应的膜分离技术。膜分离技术一般根据所需能量进行分类，一般来说，可以分为以下几种：微滤、超滤、反渗透、纳滤、渗析和电渗析、气体膜分离和无机膜分离。

（1）微滤

微滤（Micro filtration，MF）又称微孔过滤，属于精密过滤，能够截留较大的颗粒，如砂土等，同时较小的物质，如隐孢子虫、贾第鞭毛虫等也会被截留。膜的物理结构、孔径的大小和孔的形状是决定分离效果的主要因素。目前所应用的 MF 膜有近 20 种规格，孔径从 0.025 μm 到 14 μm 不等，膜厚度在 120 μm 至 155 μm。

在目前所应用到的膜分离技术中，微滤应用得最广泛，微滤技术在全球的应用市场非常大，制药行业中去除微生物可以应用微滤技术，制备纯化水也能应用微滤技术。近年来，微滤技术也应用于食品工业中的许多领域，如利用陶瓷膜错流微滤生产纯生啤酒，替代污染较大的硅藻土过滤，也可以应用于造酒业和乳制品业。另外，微滤在饮用水和城市污水处理这两个水处理领域的应用将会更加普遍，因为它可以与臭氧生物活性炭结合（微滤－臭氧活性炭工艺）应用在净水厂中。目前澳大利亚就有拥有这种技术的大规模净水厂。

（2）超滤

超滤（Ultra filtration，UF）又称超过滤，以筛滤为主，可截留水中胶状分散体大小的颗粒，但是水、低分子溶质却不会被膜截留。超滤技术是一种将压力转化为动力而实现分离的膜技术，它的本质是利用加压膜技术，截留大分子物质，允许小分子物质和溶剂通过。超滤一般要求孔径小于 10 nm，可滤除水中绝大部分的胶状分散体及微生物等物质，而水体中原有的矿物质及微量元素却不会被滤除，这一特性使得超滤技术在饮用水处理上的应用越来越广泛。

18 世纪中叶，施密特在一定压力的条件下，使用棉花胶膜进行溶液的过滤，以截留蛋白质等物质，达到了溶液与其分离的效果，其过滤精度远超滤纸，于是他提出"超滤"这一概念。到了 1896 年，世界上第一张人工超滤膜由马丁制造出来。20 世纪 60 年代，分子量级概念的提出是现代超滤的开始，20 世纪 70 年代至

80 年代超滤技术进入高速发展期，90 年代以后超滤技术趋于成熟。我国对超滤技术的研究较晚，在 20 世纪 70 年代处于研究阶段，直至 80 年代末，超滤技术才开始适用于工业化生产。

目前，医药工业用水过程和电子工业集成电路制造都已经应用到超滤技术。这些行业主要采用中空纤维组件，利用其膜渗透概率大、能耗低等特性。超滤技术还应用在食品行业。制乳行业中，牛奶经过超滤可提高奶酪获得率。随着这项技术的不断发展，制乳业及乳制品加工业的生产成本将大大降低，其为这些企业带来的经济效益不可低估。利用超滤技术澄清果汁在国外已经广泛普及，但是在我国目前尚未普及。由于超滤技术能利用不同的孔径截留不同的蛋白质，同时不破坏物质的生物活性，又能避免盐析法的腐蚀性大和回收率低等缺点，因此超滤技术正逐渐应用于干扰素生产等基因工程。另外，在水处理方面，由于超滤技术具有操作过程简单、可常温操作、低耗能、高效率、低压运行并且设备占地面积小等优点，已经被广泛应用于溶液的分离与浓缩、水质净化、从废水中提取有用物质以及废水净化再利用等领域。

（3）反渗透

反渗透（Reverse osmosis，RO）又称逆渗透，与超滤不同，它的推动力是压力差，可用来分离溶剂与溶液。操作过程中只对膜一侧的液体加压，在压力大于渗透压的条件下，溶剂会逆向渗透，最终在膜的低压侧与高压侧分别得到渗透液与浓缩液。现在利用 RO 技术可分离海水，分离操作完毕后在膜的高压侧和低压侧分别得到浓度高的卤水和淡水，操作简单，设备成本低，是目前淡化海水的最为经济的手段。

随着 RO 膜材质的性能逐渐优良以及膜组件的工业化程度越来越高，RO 技术的应用范围不仅仅局限在脱盐方面，现在已经逐渐扩展到化工、电子、医药、环保等领域，如纯净水、蒸馏水、太空水、白酒降度用水的制备，城市污水的深度处理等。随着 RO 技术的全面发展和推广，它将成为 21 世纪在缺水地区解决饮用水问题的主要手段。

（4）纳滤

纳滤（Nano filtration，NF）利用压力驱动，是介于 RO 和 UF 之间的一种膜分离过程。NF 膜的孔径约为几纳米。NF 分离技术类似于机械筛分，但 NF 膜的本体具有电荷性，这是其即使处在低压条件下，脱盐能力依然较高的重要原因。NF 技术是基于反渗透的一种技术，其发展的历史虽然不长，但它却用在抗生素、多糖、水、染料等的纯化、浓缩和分离等领域。近年来，NF 技术在生物分离中的研究逐渐成为热点。NF 技术在食品业中应用于低聚糖的分离、饮品及乳制品的浓缩等，在制药业中用于制造化学药品和提取中药的有效成分等。

在水处理方面，NF 主要应用于工业废水的处理方面，如处理金属加工业、电镀工业以及纺织业的废水，其对一般重金属的截留率能达到 90%，同时能去除各种染料成分。NF 还可以用于处理饮用水，特别是对有机物的去除效果显著。NF 膜是由 RO 膜发展而来的，如二醋酸纤维素（CA）膜和三醋酸纤维素（CTA）膜、芳族聚酰胺复合膜和磺化聚醚砜膜等。小分子的有机物能被 NF 膜去除。此外，NF 技术特别适合用来分离硬度较大、色度较深、溴和味指标严重超标的水体。例如，纳滤技术已经应用在日用化工废水处理、石油工业废水处理、杀虫剂废水处理、化纤和印染工业废水处理、生活污水处理、电厂废水处理、酸洗废液处理以及造纸污水处理等领域。但是目前由于 NF 膜的制备技术尚未成熟，造价较高，因此寻找价格更低、性能更优、参数更准确的材料，是 NF 在各个领域得到广泛应用的关键所在。

（5）渗析和电渗析

渗析（Dialysis，D）又称透析，是一种以浓度差为推动力的膜分离操作技术。溶质对渗析膜的透过具有一定的选择性，从而实现分离操作。渗析分离是把能透过半透膜小分子和离子与不能透过半透膜的胶体等其他粒子分离的过程。现在引入电渗析这一概念，英文名称为"Electro dialysis"，简称"ED"，它是利用电场作用进行的渗析操作。ED 能把带电的溶质或粒子分离。

在很久以前，人们就利用一些动物膜（如膀肌膜、羊皮纸）能分隔水溶液中某些溶解物质（溶质）的特点，用羊皮纸来分离食盐与糖、淀粉、树胶等。目前渗析技术中的 ED 应用得比较广泛。ED 具有高效、简单等优点，可应用于工业脱盐，但其不足之处是容易结垢，影响处理效果。频繁倒极电渗析（EDR）的出现克服了 ED 易结垢的缺点，其是根据 ED 的原理，每隔半小时左右更换一次正负极，达到自动清洗污垢的效果。随着医学技术的发展，ED 逐渐被应用于治疗严重的肾病患者，其特有的性能可以脱除肾病患者的代谢产物，因此拯救成千上万的肾病患者的生命。1950 年，科学家研发了选择性离子交换膜，之后 ED 得到更多科学家的重视和研究，逐渐应用于工程实践。目前 ED 主要用于淡化海水和处理工业废水等，少量应用于饮用水行业。

（6）气体膜分离

气体膜分离过程是一种以压力差为驱动力的分离过程。这种压力差为混合气体分压压力差，可使渗透速率快的气体和渗透速率慢的气体分别富集在渗透侧和原料侧，从而达到分离效果。

19 世纪 30 年代，一些研究学者利用高聚物膜分离二氧化碳和氢气的混合气体时，发现两者在通过膜时具有不同的速率，由此得出了理论上可以利用膜进行气体分离的结论。但在此后的一百年里，由于气体膜分离技术相比传统的分离技术，它的渗透速率很低，且凭当时的技术难以克服这点，因此它在产业界中未能得到广泛的应用。20 世纪 50 年代，科研工作者开始对气体分离膜的应用进行研究。气体膜分离技术真正的突破是在 20 世纪 70 年代末。如今，气体膜分离技术已普遍应用于膜分离提取氢，膜法收集氮气和氧气，干燥工业气体和天然气，从气体中脱硫和硫化氢等。目前在工业领域中的应用主要有以下几方面。

①从合成氨排放气中回收氢气。利用膜气体分离技术从合成氨所排放的气体中成功回收氢气。

②从炼油尾气中回收氢气。石油化工工业的重要原料是氢气，在高温和高压条件下，炼油过程中会产生压力差，气体膜分离技术就可以利用这一特点实现从石油炼厂的尾气中回收氢气。

③合成气（H_2/CO）比例调节。合成气中主要含有 H_2、CO 和一些杂质，如 CO_2、CH_4、N_2 和水。组分比例不同的合成气可合成不同的化工产品。通过不同的气体膜分离方法可获得不同的 H_2/CO 的比例，如利用膜分离技术获得合成气中 H_2 与 CO 的比例为 3：1，用于合成甲烷化工产品；而比例小于 2：1 时，则可以用于合成醋酸、乙醛等化工产品。

④ O_2/N_2 富集工业中可富集 95% N_2。气体膜的高选择性会使其在空气富氮领域中的应用更加广泛。

⑤酸性气体／碳氢化合物。目前的技术已经能把生物气中的二氧化碳回收，但其中部分有机物是可被冷凝的，需配合适宜的分离参数以将其预先去除。目前没有现成的装置把硫化氢从酸性气体中脱离出来。

目前已经研制成功并投入市场使用的氢分离膜、富氧膜和富氮膜，促进了气体膜分离技术的发展，随着科技的进步，此项技术的应用也将会越来越广泛。

（7）无机膜分离

随着膜技术应用的扩展，一些行业对膜的使用要求越来越苛刻，有些显然是高分子膜材料所不能满足的，因此耐高温无机膜的研究越来越受到人们的重视。无机膜是固态膜的一种，主要包括陶瓷膜和金属或其氧化物膜（主要成分为锌、铝等金属元素的氧化物），它具有以下优点。

①耐热性能超强，400 ℃以下的温度可正常操作，最高可承受 800 ℃的高温。

②性能稳定，不易受酸性溶液、碱性溶液及有机溶剂的影响。

③单位面积上所能承受的最大负荷大，可承受的外压力达 10 个大气压，反冲洗承受能力强。

④操作简单，保存方便且材料价格较低。

⑤孔径精细，分离效果佳。

正因为具备了上述典型特点，所以在高温、高浓度气体，以及酸性、碱性条件下，无机膜仍然可以使用，因此它在食品、石油化工、冶金、环境工程、生物工程等领域应用前景广阔。尽管如此，无机膜仍然存在不少缺点导致应用时出现困难，需要人们在研究和应用中不断地去克服。例如，无机膜生产成本较高，以目前的技术难以制造；材料硬、脆，成型难度较大，需要高端设备来制造；无机膜对密闭性要求很高，因此在一般操作条件下难以发挥其最佳作用。

在我国，无机膜的研究经过几年的发展，陶瓷微滤膜和超滤膜已经初步实现了工业化生产。从我国目前的无机膜发展状况看，无机膜技术将在气体净化与分离方面发挥重要的作用。同时，也可以将无机膜与其他工艺适当结合，改进和完善传统工艺。

3. 膜分离技术在饮用水处理中的应用分析

膜分离技术自应用于水处理以来，其对颗粒物质、微生物以及细菌等的有效截留效果一直受到研究者们的关注。上面介绍的各种膜分离技术中，在饮用水处理方面得到应用的主要有微滤（MF）、超滤（UF）、纳滤（NF）和反渗透（RO），虽然它们都是以压力为动力的膜分离技术，但是其各自的分离范围与应用方向却是不同的。微滤可以除掉细菌等微生物和悬浮物，用于澄清；超滤主要是应用于去除胶状分散体、菌落以及以大分子形式存在的有机物；纳滤可以降低水的总硬度、去除重金属和有毒的化学物质；反渗透则能滤除绝大多数悬浮杂质。

超滤膜与反渗透、纳滤和微滤存在一定的共性，因为它们的孔径范围临界重叠。超滤产水量比反渗透、纳滤大，且需要的工作压力小。超滤的分离精度比微滤的分离精度高。因此，在目前的技术与经济条件下，对于应用于饮用水处理的膜分离技术，超滤是最适合的，同时超滤技术也是目前应用最广泛的。

二、微滤、超滤在水处理中的应用

（一）微滤在水处理中的应用

微滤可以有效去除小颗粒有机物和悬浮固体，但天然和人工合成的有机物仅用微滤的方法是不能去除的，需要与其他方法相结合。微滤结合混凝、吸附预处理来处理饮用水越来越引起人们的关注。最普通的方法就是投加金属盐混凝剂和粉末活性炭，混凝和吸附作为微滤的预处理不仅可以提高膜通量，降低天然有机物（NOM）以获得高质量的出水，还可以减缓膜污染，延长清洗周期。混凝预处理所需的反应时间很短，投加混凝剂后，絮体尺寸很快大于膜孔径，不需要长时间混凝，经混凝处理后的水即可进入膜分离单元。

由于微滤技术可以去除水中的微生物并降低水的浊度，日本在 20 世纪 90 年代中期就开始了大规模应用。由于陶瓷膜具有高的抗破损能力和长的使用寿命，日本已经建立了 30 多家陶瓷膜过滤系统用来生产饮用水，最大的生产能力为 3 400 m³/d，并且为了提高溶解性污染物的去除率，用活性炭和膜技术结合催化氧化技术去除溶解性污染物。投加活性炭还可以改善过滤性能，维持系统稳定运行。有研究表明粒径为 1 μm 的 PAC 比通常的 PAC（粒径为 10 μm）具有更强的吸附能力，达到同样的去除 UV_{254} 效果时，只需要通常 PAC 的 1/3。催化氧化可以有效去除溶解性锰离子，氧化产物被陶瓷膜截留。饮用水厂为了减少运行和维护费用，都采用了 PAC 进行混凝预处理以改善膜过滤性能。PAC 投量从 10 mg/L 增加到 50 mg/L，过滤性能逐渐提高，即使减少 PAC 投量，也可以维持稳定的过滤性能。当 PAC 投量为 50 mg/L 时，虽然台风使进水浊度增大到 60 NTU，但过滤性能未受影响。

同时，用 PAC 结合微滤技术处理河水，在两个反应器中维持很高的出水通量，达到 167 L/（m²·h）。实验证明，不同粒径的 PAC 在高通量下都对有机物有很好的去除率，在反应器中 PAC 浓度高达 20 g/L，有机物去除率为 60% ~ 80%。通过分析膜表面的 PAC 污染层发现，吸附的金属离子所起的作用比吸附的有机物所起的作用大，原水中的小颗粒物质和金属离子对 PAC 层的形成起了重要作用，因为带正电的胶体和金属离子进入 PAC 颗粒间的缝隙并且中和表面带负电的 PAC。由于大粒径 PAC 具有大的缝隙和较小的比表面积，在相同通量下，投加大粒径 PAC 比投加小粒径 PAC 污染要严重得多。

当用 PAC 作为吸附剂时，如果接触时间太短，PAC 就不能充分发挥吸附作用，因此，应保证有效的接触时间以提高吸附效率。还可以改进 PAC 性质，即通过粉碎普通的 PAC 来制造亚微粒 PAC（直径为 0.6 ~ 0.8 μm），将其用作微滤前的吸附剂处理饮用水。试验表明，亚微粒 PAC 吸附 NOM 非常快，而且比普通 PAC 有更强的吸附能力。不同的接触时间对去除 NOM 效果不同，随接触时间的延长去除率增大，但是在大于 1 min 后，去除率增大得很缓慢。亚微粒 PAC 不仅可以缩短接触时间，而且可以节约 75% 的混凝剂。

韩国学者将微滤结合在线快速搅拌器并投加混凝剂来生产饮用水。在混凝剂（PAC）投加量分别为 0.0 mg/L、0.9 mg/L、1.1 mg/L、1.3 mg/L 和 2.2 mg/L 时分析膜阻力的变化，发现在投加混凝剂之前和之后颗粒尺寸分布没有改变，都为 8 ~ 20 μm。处理效果最好的混凝剂加投量既要使膜的阻力最小，又要使混凝达到最好的效果，即投加混凝剂后颗粒表面的电势接近零。当电势接近零时，颗粒间排斥力最小，颗粒很容易凝聚。当投加量为 1.1 mg/L 时，膜阻力最小，电势接近零。在线混凝有很多优点，包括可以降低投药量、缩短反应时间、降低能耗和减少水头损失等。

有一种新型聚偏氟乙烯（PVDF）中空纤维膜具有高的出水水质、高的去除率、高物理强度和高的化学稳定性等优点。膜孔径为 0.05 μm，可以有效去除病原体，在跨膜压差（TMP）为 0.05 MPa，温度为 25 ℃时，纯水通量高达 1 000 L/（m²·h）。PVDF 中空纤维膜有很强的抗氧化性，可用于饮用水生产，工作通量大于 83 L/（m²·h）。通量在 42 ~ 208 L/（m²·h）时，PVDF 中空纤维膜的 TMP 很稳定，出水水质好，但在压力为 12 MPa 或者拉长 100% 后膜就会被破坏。

日本的大中型水厂主要应用两类新型膜，一类是大孔径微滤膜，孔径为 2 μm，能很好地去除粒径大于 2 μm 的颗粒，也可以去除致病原生动物，在 TMP 为 0.01 MPa、通量为 208 L/（m²·h）的条件下，对隐孢子虫的去除量大于 6 个数量级。另一类是 PVDF 中空纤维膜，孔径为 0.03 ~ 0.1 μm，具有良好的机械性能和化学性能，通量大。实验使用了两个不同孔径的 PVDF 膜，膜 A 孔径为 0.1 μm，在 TMP 小于 0.08 MPa、出水通量为 125 L/（m²·h）的条件下处理地下水，稳定运行了 6 个多月。膜 B 孔径为 0.05 μm，在 TMP 小于 0.08 MPa、通量为 104 L/（m²·h）条件下处理地表水，稳定运行了 5 个多月。

（二）超滤在水处理中的应用

我国于 20 世纪 70 年代开始有关超滤膜的研究，并成功研制出醋酸纤维管式超滤膜，20 世纪 80 年代成功研制出聚矾中空纤维超滤膜。同时，我国在荷电膜、成膜机理、膜污染机理等方面也取得了可喜进展。目前我国已有 PS、PAN、PSA、PP、PE、PVDF 等十余个品种的超滤膜。虽然 40 年来我国在超滤技术方面已取得了很大的进步，但与发达国家相比，我国的膜产业基础相对比较薄弱，膜材料品种少，性能欠稳定，而且膜技术在我国的应用历史较短，缺少对膜技术应用的大型、高水平的系统工程研究。膜产品也没有相应的国家标准或行业标准，需对其进行加强管理。

1. 超滤的概念

超滤是一种介于微滤和纳滤之间，能将溶液进行分离、净化、浓缩的膜透过分离技术。截留分子量为 500 ～ 500 000 Da 的组合，相应的孔径为 0.001 ～ 0.1 μm，操作压力差一般为 0.1 ～ 0.8 MPa，被分离组分的直径为 0.005 ～ 10 μm。

2. 超滤原理

在静压差的推动下，原料液中的溶剂与小分子量溶质从高压侧透过超滤膜到低压侧，而大分子量溶质被截留在高压侧，从而达到净化的目的。一般认为物理筛分作用是超滤膜的主要截留机理，但有时超滤膜孔径比溶剂和溶质分子都大，本不该具有截留作用，但实际上却有明显的分离效果，这可能是由膜表面的化学特性，如静电作用造成的。归纳起来，超滤膜截留机理主要有三种：在膜表面及微孔内吸附（一次吸附）、在孔中停留而被去除（阻塞）和在膜表面的机械截留（筛分）。

3. 超滤的操作方式

超滤的操作方式分为错流过滤、全流过滤两种。错流过滤的被处理料液以一定的速度流过膜表面，透过液从垂直方向透过膜，同时大部分截留物被浓缩液夹带出膜组件。错流过滤主要用于浊度较高的原水。全流过滤又称直流过滤、死端过滤，被处理物料进入膜组件，等量透过液流出膜组件，截留物留在膜组件内。与错流过滤相比，全流过滤的膜组件污染在膜丝内部，易被清洗出来，具有能耗低、操作压力低、占地面积小、运行成本低等特点。

超滤按照进水方向可以分为外压式与内压式两种。外压式是指进水从中空纤维膜丝外部由外向内通过膜产生出水（进水在外，出水在内）。外压式过滤时，水流通道没有被堵塞的危险，但对于压力式膜而言，纤维间的死角易导致堵塞，不易清洗。内压式是指进水从中空纤维膜丝内部由内向外通过膜产生出水（进水在内，出水在外）。内压式过滤时，污染物集中在膜丝内部，因此避免了在膜组件端部的膜丝处累积污染物，导致污染难以被清洗的后果。

4. 不同厂家微滤膜 / 超滤膜比较

目前生产微滤膜 / 超滤膜的厂家，国外的主要有 Asahi 和 Norit，国内的主要有海南立升与天津膜天膜。其中 Norit 超滤膜为内压式、全流过滤、卧式布置形式。这种超滤膜为标准的 20 cm（8 英寸）膜组件，装在标准规格的压力容器内，因此在工程应用上可以方便地选择膜压力容器，具有很好的兼容性。此外，卧式布置比立式布置的占地面积少；内压式膜相比外压式膜，膜运行通量更高，而且没有错流，因此运行压力更低，同时内压式膜污染没有死角，清洗更彻底。

5. 超滤在饮用水净化处理中的应用研究

传统的净水工艺——混凝、沉淀、过滤法可以去除原水中的悬浮、胶体物质以及部分有机物。未受到污染的饮用水水源，经过传统净水工艺的处理，出水可以达到饮用水水质标准。但在我国不少城市和地区，饮用水水源受到不同程度的污染，如水质恶化，原水中的有机物种类与数量等增加。另外，随着人们生活质量的提高，其对饮用水的安全供给也提出了更高的要求。因此，有必要在传统净水工艺的基础上，进行深度处理，以提高净水工艺出水的安全性和品质。

超滤工艺可以去除饮用水水源中的细菌等微生物，降低浊度。超滤与臭氧、活性炭或絮凝的组合工艺，可以将溶解性有机物与金属离子进一步去除，使出水达到新的饮用水水质标准。但如何使超滤系统稳定运行是工程应用中最关键的问题，超滤的预处理方式、运行通量、过滤时间、清洗周期、清洗方式等都与超滤的稳定运行有关。

第三节　饮用水处理中的活性炭理论与技术

饮用水水源的污染日益严重，加剧了水资源的危机，对人类的健康构成了较大的威胁，同时对传统净水工艺提出了挑战。饮用水深度处理技术是在水源受微污染影响、水厂常规处理后的水质不能满足要求的情况下出现的。深度处理技术能较好地去除水中溶解性有机物，特别是对"三致"物质的去除，满足了人们对不同水质的要求。因此，研究人员进行挂炭柱静态、动态吸附试验，比较各个炭样的吸附效果，又在吸附效果得到的结论基础上，对各炭样的自身结构性能进行了分析与比较，以得到适合饮用水深度处理的活性炭，满足居民的饮用水的要求，同时对饮用水深度处理活性炭的选择提供一定的借鉴作用。

一、活性炭在国内外饮用水深度处理中的应用研究概况

自 20 世纪初以来，饮用水净化技术主要采用人们普遍认可的常规净水工艺，即混凝—沉淀（澄清）—过滤—加氯消毒。目前国际上许多国家，特别是发展中国家对于城市饮用水的净化，大部分仍然采用常规净水工艺处理自来水。尽管这种常规的净水工艺对于澄清水质和除去水中的病原微生物是十分有效的。但是随着地表水水体被大量有害有机化学物质和病原微生物污染，常规净水工艺根本无法

消除这些种类繁多的有害有机物和病原微生物。因此混凝—沉淀（澄清）—过滤—加氯消毒常规净水工艺已远远不能满足处理城市饮用水的要求，存在着许多难以消除的问题，必须采用新的深度净水工艺对饮用水进行深度处理。

（一）国外活性炭在饮用水深度处理的应用研究

鉴于活性炭能够很好地吸附水中微量有机污染物，早在 20 世纪 20 年代末 30 年代初国外就开始使用粉状活性炭去除饮用水中的溴和味。1930 年美国建成了第一个使用颗粒活性炭吸附除溴的自来水厂。到 20 世纪 60 年代末 70 年代初，国外大量生产煤质颗粒活性炭，加之颗粒活性炭再生设备的诞生，一些发达国家开展了研究活性炭吸附去除水中微量有机物的实验工作，对饮用水进行深度处理，从此利用颗粒活性炭深度处理饮用水的净化装置相继在美国、日本以及欧洲等发达国家和地区建成投产。目前国外已经有上千座用颗粒活性炭吸附去除水中微量有机污染物的自来水厂正在运行。例如，在美国利用地表水作为饮用水水源的自来水厂已经有 90% 以上采用了活性炭吸附工艺。美国的丘吉威林水厂、加利福尼亚水厂和新英格兰曼彻斯特市水厂等在饮用水处理工艺中加入颗粒活性炭，用于吸附水中的微量有机微生物和消除水中的溴和味。日本的渡利水厂和柏井净水厂利用活性炭吸附池除味及有机物。法国的巴黎阿那纳水厂和梅利水厂利用颗粒活性炭吸附自来水中的氯和有机物。

根据美国纽约一家公司 2010 年 6 月 29 日推出的活性炭市场研究报告《世界活性炭工业》预测，全球活性炭需求量将以每年 9% 的速度递增，到 2014 年活性炭需求量将达到 170 万吨。由于美国环保署对饮用水提出了新的处理条例，净水活性炭的需求量急剧上升。2009 年美国用于饮用水深度处理的颗粒活性炭为 8 500 t，日本颗粒活性炭的使用量占总活性炭用量的 68%，其中用于水处理的占 87%。

（二）国内活性炭在饮用水深度处理的应用研究

我国的活性炭工业生产起步于 20 世纪 50 年代，高速发展则在 20 世纪 80 年代以后，特别是改革开放以来，经济的不断发展和人们生活水平的逐步提高，使得活性炭的应用越来越受到人们的重视。20 世纪 60 年代末，我国开始利用活性炭来去除污染水体中的溴和味。例如，1967 年沈阳自来水公司就使用颗粒活性炭吸附去除被工业废水污染的地下水的溴和味，而且取得了很好的效果。1975 年建成投产的白银市某水厂，把活性炭用于自来水处理。该自来水厂以黄河为水源，该水源处于白银市的矿山、冶金和化工企业产生的废水排放口下游，导致该厂水源受到了严重污染，石油、汞、酚和硝基化合物等污染物含量都不符合国家规定的卫生标准，这套活性炭净水装置的投产，大大地改善了该自来水厂的出水水质。

近年来，北京、深圳、上海、广州、昆明、大庆等城市为了改善饮用水水质，在一些水厂采用了活性炭吸附工艺。例如，深圳梅林水厂和笔架山水厂于 2004 年至 2005 年采用了活性炭吸附工艺，目前运行稳定，出水水质符合最新饮用水标准。2005 年的哈尔滨松花江水污染处理过程中一次性用去活性炭 1 500t，极大地改善了当地的水质。2006 年广州南洲水厂采用活性炭深度处理工艺，投资 26 亿元建设了 100 万 m³ 的饮用水深度处理工程，出水水质也达到了最新饮用水标准。此外，北京奥运会、上海世博会和广州亚运会都采用了颗粒活性炭对饮用水进行深度处理，满足了活动期间人们的饮用水需求。

二、活性炭吸附理论基础

活性炭的广泛应用，其主要理论为吸附理论，其理论基础体现在以下几个方面。

（一）活性炭吸附原理

活性炭是以碳元素为基础，经过物理化学方法加工而成的一种多孔性吸附材料，具有内部空隙结构发达、比表面积大和吸附能力强的特点。因此在各种改善水质和提高净水效果的饮用水深度处理技术中，活性炭吸附技术是弥补常规净水工艺存在的问题和有效去除水中微量有机物、微生物最成熟的方法之一。一些研究表明，活性炭对有机物的去除主要靠的是内部各种孔隙的吸附作用，因而活性炭的孔隙分布结构决定了它对不同分子大小有机污染物的去除效果。活性炭的内部孔隙一般可以分为大孔、过渡孔（中孔）和微孔。其中大孔主要分布在活性炭的表面，对有机物的吸附作用很小，过渡孔主要吸附水中大分子有机物，并且为小分子有机物进入微孔提供通道，而微孔则构成了活性炭吸附有机物的主要区域。

除了孔隙结构影响活性炭吸附有机物以外，活性炭对有机物的脱除也受有机物自身特性的影响，主要包括有机物的极性和有机物分子的大小。分子大小相同的有机物，如果有机物的溶解度越大并且亲水性越强，那么活性炭对其的吸附能力就越差；如果有机物的溶解度小、亲水性差而且极性弱，那么活性炭对其具有较强的吸附能力。根据一些试验结果发现，若有机物分子量小于 3 000，则活性炭对其去除效果很明显，去除率一般可以为 70% ～ 86.7%，然而活性炭对分子量大于 3 000 的有机物不能有效地吸附去除。

（二）活性炭的吸附作用

活性炭的吸附作用主要依赖于分子间作用力、化学键和静电吸引力形成的吸附。物质在两相界面上产生浓度自动变化，关键在于存在于吸附剂和吸附质之间的这三种不同的作用力。这三种作用力分别形成了物理吸附、化学吸附和交换吸附，它们构成了活性炭的吸附特性。

1. 物理吸附

物理吸附是指由物质之间的分子力产生的吸附作用。在物理吸附中被吸附的分子吸附在吸附剂表面的固定点上，并且被吸附的分子能在两相界面下做自由移动，由于这是一个放热过程，吸附热较小，所以一般不需要活化能，而且在低温条件下就可以进行。物理吸附是可逆吸附过程，即在吸附的同时，被吸附的分子依靠热运动可以离开吸附剂的表面。物理吸附不但能够形成单分子层吸附，还可以形成多分子层吸附，尽管分子间作用力的普遍存在使得一种吸附剂可以吸附多种分子，但是被吸附的物质不同，吸附量会产生很大的差别，所以这种吸附作用不仅与吸附剂的表面积和其内部的细孔分布有关系，还受吸附剂表面力作用的影响。

2. 化学吸附

化学吸附是指在吸附剂和吸附质之间产生了化学键的作用，使二者发生了化学反应，导致吸附剂和吸附质很好地结合起来。因为化学吸附过程发生了放热反应，吸附热较大，所以通常情况下化学吸附在很高的温度下进行需要很大的活化能。化学吸附为选择性吸附，即一种吸附剂仅仅吸附某种或特定几种物质，导致化学吸附只能发生单分子层吸附，而且吸附作用非常稳定，不可以发生可逆过程。所以这种吸附作用不仅与吸附剂的表面化学性质有关，还受吸附质化学性质的影响。

由于在制造过程中，活性炭的表面产生了一些化学官能团，如羟基、羧基和羰基等，所以活性炭在水处理中可以发生化学吸附。

3. 交换吸附

交换吸附是指由于静电引力作用，一种物质的离子聚集在吸附剂表面的带电点上。发生交换吸附时，离子的电荷起着决定作用，在等量离子的交换过程中，被吸附的物质经常会发生化学变化，改变了原来的化学性质。这种吸附过程也不能发生可逆，而且活性炭发生此吸附作用后，即便再生，其活性也很难恢复到原来的活性。

（三）活性炭吸附作用的主要影响因素

由于活性炭是以碳元素为基础，经过物理化学方法加工而成的一种多孔性吸附材料，所以具有发达的内部孔隙结构、很大的比表面积和很强的吸附能力。这就造成活性炭的吸附作用除受其他外界条件影响外，还与构成活性炭的发达的内部孔隙结构、很大的比表面积有关。通常情况下，如果活性炭的内部孔隙数量越多，那么能够吸附在孔壁上的吸附质就越多。活性炭吸附速度受活性炭的粒度大小和孔隙结构的影响。用于饮用水深度处理的活性炭，其粒度越细，吸附物质的速度越快，而且中孔要相对丰富一些，这样会促进吸附质向微孔中扩散。比表面积是表征活性炭吸附能力的主要指标，活性炭的比表面积越大，其活性表面活性点就越多，吸附物质的能力就越强。活性炭在发生吸附作用时，除了主要受构成活性炭的发达的内部孔隙结构和很大的比表面积影响外，还与活性炭的孔容大小、吸附质粒径大小和粒度分布、溶液的 pH 值和浓度、可溶物、吸附温度等因素有关。

三、活性炭的孔隙结构和吸附性能

（一）活性炭的孔隙结构

活性炭的孔隙结构是指孔隙容积、孔径分布、表面积和孔的形状。活性炭的孔结构十分复杂，孔径为从零点几纳米的微孔孔径到光学显微镜可见的大孔孔径，孔径分布范围很宽，孔的形状也是各种各样的。大孔分布在活性炭颗粒的外表面，中孔是大孔的分支，微孔又是中孔的分支。在气相吸附中，微孔起着主要的吸附作用，有时又被称为吸附孔，中孔和大孔为吸附质进入微孔提供通道，因此又被称为输送孔。微孔还可再分为细微孔和次微孔。细微孔是活性炭中最小的孔，它的特征尺寸为 $r < 0.7$ nm，次微孔的特征尺寸为 0.6 nm $< r < 1.6$ nm（国际理论与应用化学联合会规定次微孔的上限为 $r=2.0$ nm）。吸附主要在细微孔和次微孔内进行。对于一般活性炭而言，二者的孔容为 $0.2 \sim 0.6$ cm^3/g，对应的比表面积占总面积的 95% 以上。大于微孔孔隙的是中孔，其特征尺寸为 1.5 nm $< r < 200$ nm，中孔孔容积为 $0.1 \sim 0.2$ cm^3/g，对应的比表面积一般不超过总面积的 5%。有时通过调整活化工艺条件或其他办法也可增加中孔容积，达 0.7 cm^3/g，比表面积为 $200 \sim 400$ m^2/g。中孔在气相吸附中一般起吸附物质进入微孔的通道作用，但当相对压力增高到一定程度时，产生毛细凝聚，这时在吸附等温线上出现滞后圈。在液相吸附中，中孔对大分子的吸附起着重要作用。大孔的尺寸是 $r > 200$ nm，大孔容积为 $0.2 \sim 0.5$ cm^3/g，对应的比表面积为 $0.5 \sim 2$ m^2/g。大孔表面积占总比表面积的比例很小，在吸附过程中不起明显的作用，通常可以忽略不计。活性炭作为载体使用时，催化剂主要沉淀在中孔和大孔中。

在活性炭的孔隙结构中，微孔的吸附作用最大，它对活性炭吸附污染物的吸附量起着支配作用，中孔和大孔通常为吸附质分子提供进入微孔的通道，通过它们被吸附的分子才能进入吸附表面，因此分子运动的通道的畅通程度，极大地影响着活性炭的吸附速度。

（二）活性炭的吸附性能

活性炭的吸附性能是活性炭的最主要性能，发达的孔隙结构和巨大的比表面积使活性炭具有很强的吸附能力，通常情况下，活性炭的比表面积越大，其吸附能力越大，但是同样比表面积的活性炭的吸附能力可以表现出很大的差别，这是由活性炭的孔隙结构和孔径分布等造成的。在液相吸附过程中，大孔主要提供通道，使被活性炭吸附的物质顺利扩散，到达中孔和微孔中，因此被吸附物质的扩散速度总是受到大孔的影响。由于水中有机物不但有小分子而且有各种大分子，大分子的吸附主要靠中孔和微孔，中孔又是小分子有机物到达微孔的通道，吸附量主要由微孔的孔容大小决定。

活性炭的吸附可分为物理吸附、化学吸附和交换吸附，其中以物理吸附为主。由于活性炭孔隙直径大小和孔隙分布情况不同，因此不同品种的活性炭具有不同的选择性吸附能力。物理吸附与活性炭对溶质的亲和力，溶质的溶解度，溶质分子大小，活性炭的孔分布、表面积等因素有关；化学吸附主要依赖于化学键，化学吸附的特性也有差异，但均在表面形成不同极性的官能团。由于这些官能团的存在，活性炭的表面可以呈现酸性、碱性和中性等不同的性质。水中的杂质与活性炭的酸性或碱性表面氧化物的有机官能团形成不同的吸附价键，从而导致了污染物的脱除。

通过以上对活性炭的孔隙结构和活性炭的吸附性能的描述可知，选择适用于饮用水深度处理的活性炭显得尤为重要。

四、活性炭的结构性能研究理论

通过实验测定各种炭样的吸附等温线，利用 B.E.T 方程对比表面积和孔容积以及孔分布进行研究。

（一）吸附等温线的测定理论

气体在每克固体表面的吸附量 V 依赖于气体的性质、固体表面的性质、吸附平衡的温度 T 以及吸附质的平衡压力 P，其函数关系可以表示为

$$V=f（T，P）\tag{1-1}$$

当给定了吸附剂、吸附质及吸附平衡温度后，则吸附量 V 就只是吸附质的平衡压力 P 的函数：

$$V=f_r（P）\tag{1-2}$$

当平衡温度 T 在吸附质的临界温度以下时，则吸附质的平衡压力通常用相对压力 x（$x=P/P_0$）来表示，P_0 为吸附质在温度 T 时的饱和蒸气压，此时，

$$V=f_r（x）\tag{1-3}$$

按照式（1-2）或式（1-3）由 V 对 P 或 x 作图得到的曲线称为吸附等温线。

根据吸附势理论，吸附质分子在微孔中由于孔壁相距很近，吸引力场叠加，而受到吸力场的强力作用，产生孔隙容积充填。由于被吸附的分子和最微小孔属于同一数量级，不可能形成单分子层、多分子层和弯月面，吸附一个分子时，微孔已经被充填。由此看来，微孔容积在很低的压力下已经被充填，而且微孔的充填和排空为可逆的。这说明，当蒸气相的压力沿相反方向的变为无限小时，在平衡条件下于吸附或解吸过程的任何阶段上都有可能使该系统返回到它所经过的一点，因而在这一范围的等温线上不会出现滞后圈。所以，以蒸气形成液化的弯月面为特征的实际毛细凝聚机理只有在过渡孔内才起作用。吸附等温线的吸附支线和解吸支线的滞后圈的起点以下为微孔吸附，滞后圈起点向上直到相对压力 $P/P_0=1$ 时为过渡孔的毛细凝聚。

（二）比表面积及孔径分布的计算理论

由各相对压力下的吸附量，即吸附等温线，求单分子层饱和吸附量，本实验中采用 B.E.T 方程式计算。在测定了吸附量，即吸附等温线之后根据 B.E.T 方程计算比表面积的方法是最广泛应用的方法。B.E.T 方程如下：

$$X/V_d（1-x）=1/V_mC+（C-1）x/V_mC \tag{1-4}$$

式中，V_d——与相对压力 x 相应的吸附量；

V_m——单分子层饱和吸附量；

C——与第一层吸附热及凝聚热之差有关的一个物理量，当选定吸附质、吸附剂及吸附平衡温度后，C 为一个常数。

由式（1-4）可以看出，当用 $x/V_d（1-x）$ 对 x 作图时可以得到一直线，其斜率 $a=（C-1）/V_mC$，截距 $b=1/V_mC$。由斜率和截距可求得单分子层饱和吸附量 V_m：

$$V_m=1/（a+b） \tag{1-5}$$

由 V_m，再根据每一个被吸附的分子在吸附剂表面上所占有的面积 a_m，即可计算出每克固体样品所具有的表面积。对氮气来讲，$a_m=16.2\times10^{-20}/$ 每个分子，因而每一毫升被吸附的氮气分子若铺成单分子层时所占有的面积 Σ 应为

$$\Sigma=6.023\times10^{23}\times16.2\times10^{-20}/22.4\times10^3=4.36\ \text{m}^2/\text{mL} \tag{1-6}$$

因此固体比表面积可以表示为

$$S=\Sigma \cdot V_m/W=4.36\times V_m（\text{mL}）/W（\text{g}） \tag{1-7}$$

其单位为 m^2/g。

在计算中通常选用相对压力在 0.05～0.35 内的若干吸附量数据，根据 B.E.T 方程（1-4）作图求出 V_m，再由式（1-7）求出比表面积。

吸附和毛细孔凝聚的原理：对于液体来讲，增加压力相应地也增加了化学势，而化学势越大，其蒸气压也越大，因此，与小液滴平衡的蒸气压将比大平面液体的平衡蒸气压大，而与液体中小空腔平衡的蒸气压将比大平面液体的平衡蒸气压小。由于上述原因，便有所谓的毛细孔凝聚现象的产生，即对于毛细孔来说，蒸气压发生凝聚的压力比正常地在大平面液体上发生凝聚时所需的压力小，孔半径越小，其发生凝聚所需的蒸气压就越小。当这些孔隙处在液氮 77 K 的环境中，则有一部分气体在孔壁吸附。将含有毛细孔的材料和某种蒸气接触，让这种蒸气的相对压力从零开始增加，刚接触时毛细孔里并没有凝聚液，但是由于吸附作用，毛细孔的孔壁存在着蒸气的吸附层，当蒸气的相对压力增加到与毛细孔的凯尔文半径相对应的值时，就会发生毛细孔凝聚现象；假如使蒸气的相对压力从 1 开始减小，刚开始凝聚液充满了毛细孔，当蒸气的相对压力减小到与毛细孔的凯尔文半径相对应的值时，就会发生毛细孔蒸发。毛细孔发生蒸发时，其孔的临界凯尔文半径与临界相对压力 x 的关系可以通过以下的凯尔文方程式描述：

$$R_k=-2\gamma V_m\cos\varPhi/RT\ln x \tag{1-8}$$

而临界孔半径 r 则为

$$r=r_k+t \tag{1-9}$$

此时把凝聚液的表面张力及摩尔体积与大块液体的表面张力及摩尔体积看作一样。因此将氮作为吸附质，在液氮温度达到平衡时，则有 $T=77.3\,K$，$V_m=34.65\,mL/mol$，$\gamma=8.85dyn/cm$，$\Phi=0°$，以及有 $R=8.315\times10^7$ 尔格 /（度·摩尔）。于是凯尔文方程式可变为

$$r_k=-4.14（\lg x）^{-3}（10^{-10}）\tag{1-10}$$

对于未充满凝聚液的孔来说，其壁上吸附层厚度与相对压力的关系则由郝尔赛方程描述

$$T=t_m（-5/\ln x）^{1/3}\tag{1-11}$$

式中，t_m 为单分子层厚度对于氮气 $t_m=4.3\times10^{-10}$，故郝尔赛方程可变为

$$t=-5.57（\lg x）^{-1/3}（10^{-10}）\tag{1-12}$$

根据吸附等温线计算孔径分布的理论公式与计算方法很多，如惠勒、巴里特、皮欧斯、道利茂尔、拉贝茨、杜比宁、布鲁诺尔、勃洛克荷夫和德波尔以及我国学者严济民和张启元等的理论。这些理论都各有各自的前提和假设以及它们的推理方法。

五、活性炭吸附效果

在六种活性炭的吸附效果研究中，主要对六种活性炭的碘值和亚甲蓝值及六种活性炭的吸附容量进行测定。

（一）活性炭碘值和亚甲蓝值测定

碘值是活性炭孔隙结构的相对指标值，亚甲蓝值是活性炭液相吸附性能评价代表指标之一。一般来讲，碘值代表细微孔的发达程度和吸附能力，亚甲蓝值代表粗微孔的发达程度和吸附能力。因此碘值、亚甲蓝值这两项指标仍然是目前衡量和评价活性炭的主要指标。测定步骤和方法如下。

①碘值测定。准确称取不同质量的三份制备好的试样，精确至 0.000 48，将试样分别放入容量为 250 mL 干燥的磨口锥形瓶中。用移液管取 10 mL 盐酸溶液加入每个锥形瓶中，盖好玻璃塞，摇动使活性炭浸润，拔去塞子，加热至微沸腾30 S，除去干扰硫，冷却至室温。用移液管取 100.0 mL 的碘标准溶液依次加入上述各锥形瓶（碘标准溶液是用前现标定），立即塞好玻璃塞，置于振荡器上振荡15 min，静止 5 min 后用离心机分离。各取 50.0 mL 澄清液分别放入 250 mL 的锥形瓶中，用硫代硫酸钠标准溶液进行滴定。当溶液呈淡黄色时，加入 2 mL 淀粉指示液并继续滴定至蓝色消失为止，分别记下消耗的硫代硫酸钠溶液的体积。

②亚甲蓝值测定。称取 0.1 g（精确至 0.001 g）试样，置于 100 mL 磨口瓶中，用滴定管加入亚甲蓝溶液 5 ～ 15 mL，盖好瓶塞，放在振荡器上振荡 20 min，用直径为 125 mm 的中速定性滤纸将上述试样吸附过的亚甲蓝溶液滤入比色管中，将

滤液混匀，用 10 mm 比色管在分光光度计 665 nm 波长处以蒸馏水为参比液测出消光值，调整加入亚甲蓝溶液毫升数，直到测出试样滤液与硫酸铜标准色溶液的消光值读数不超过 ±0.02。

（二）活性炭的吸附容量测定

对于用于饮用水深度处理的活性炭选择时，除了要考虑活性炭的碘值和亚甲蓝值以外，还要对活性炭吸附容量大小进行测定。当活性炭吸附水中的污染物达到一定浓度时，活性炭吸附污染物的量就会与该污染物在水中的浓度之间达到一个平衡，活性炭对污染物质吸附的量保持不变，此时的平衡称为吸附平衡。通常将单位重量吸附剂在平衡点上吸附溶质的量定义为平衡吸附容量。

1. 活性炭的静态吸附容量的测定

（1）测定步骤和方法

①取适量的一种活性炭，在 105 ℃下烘干 1 h，然后放入干燥器中冷却 0.5 h。

②取以上烘好的活性炭用电子天平分别称取 20 mg、30 mg、40 mg、50 mg、60 mg、80 mg，分别放入 250 mL 的细口瓶中。

③在细口瓶中分别加入 200 mL 自来水，盖好瓶塞，放入温度为 25 ℃的摇床中振荡 48 h。

④取出细口瓶，用 0.45 μm 的膜过滤，测滤液的 COD_{Mn} 和 UV_{254}。

（2）实验仪器与装置

①电子天平：BS210S。

②杯式过滤器：0.45 μm 过滤膜。

③恒温水浴锅：电热数字显示恒温水浴锅 H.H.S37-1000C。

④摇床：DKY-Ⅱ恒温调速回转式摇床。

2. 活性炭的动态吸附容量测定

自来水通过管网的剩余水压进入带有液位控制阀的高位水箱，使水箱中的液位保持恒定，保证后面六根炭柱进水水压一致，高位水箱中的水通过六根联通的进水管分别从上部进入六根炭柱，每根炭柱的进水管上都装有流量计，控制炭柱的进水量，保证每根炭柱的进水量一致。炭柱的运行方式是上部进水下部出水，活性炭柱中装有相同体积的不同厂家的活性炭，水经过活性炭过滤后从底部出来汇集后外排，在每根炭柱的底部都设有独立的取样口。

①装填炭：先在六根炭柱中加好水，然后依次将准确称好并在自来水中浸泡 48 h 的活性炭装入有机玻璃柱中，装炭高度均为 1m 左右，装炭总体积约为 7.85 L，记录炭柱号依次为 $1^{\#} \sim 6^{\#}$。

②炭柱之间相互并联，水流量为 70 L/h，单独进水单独出水，在炭柱底部设有取样口，每隔 24 h 取样分析。

③该实验每天分析的指标有 TOC、COD_{Mn}、UV_{254}、氨氮、亚硝酸盐，在实验

后期做了全指标分析，包括 TOC、COD_{Mn}、UV_{254}、氨氮、亚硝酸盐、余氯、浊度、铁、锰。在停止运行 40 天后，再次进行了恢复性的三天实验，分析了进出水的 TOC、COD_{Mn}、UV_{254}、氨氮、亚硝酸盐五个指标，活性炭彻底饱和。（注：一般来讲，TOC、COD_{Mn}、UV_{254}、氨氮、亚硝酸盐这五个指标已经代表了水质指标，是净水炭选炭的主要水质指标）。

六、活性炭技术在饮用水处理中应用的建议

通过活性炭挂柱模拟吸附实验部分对活性炭的静态吸附容量、动态吸附容量进行测定。静态吸附容量的测定，主要对单位质量活性炭吸附 COD 的量、单位质量活性炭吸附 UV_{254} 的量进行测定，将得到的结果与各个炭样的碘值、亚甲蓝值进行对比，初步得知各个活性炭在净水处理中的吸附效果。动态吸附容量的测定将进行包括活性炭对 COD_{Mn} 的去除率，处理不同水量后，进行各活性炭对 COD 的去除率，活性炭对 UV_{254} 的去除率，活性炭对 TOC 的去除率，活性炭对氨氮和亚硝酸盐的去除效果，静置 40 天后活性炭进出水口的浓度，后续三天各活性炭对 UV_{254}、COD、TOC 的去除率，活性炭的吸附等温线的测定以及 UV_{254} 表示的各活性炭吸附速度曲线的测定。根据活性炭的静态、动态吸附实验结果，通过各项指标的比较，得到各活性炭对饮用水的净化效果，指出哪种活性炭适合本实验中所取原水的深度处理，将为后续试验部分提供一定的基础。

在选择饮用水深度处理活性炭时，在条件允许的情况下，应当尽可能从不同污染物角度上分析活性炭的吸附效果，尽可能从饮用水水源的原水进行多种指标的比较和选择活性炭。

在选择饮用水深度处理活性炭时，不能仅仅依据碘值、亚甲蓝值来确定活性炭的性能，碘值、亚甲蓝值相对大小比较高的炭种，饮用水深度净化效果并不一定好，如在本实验中 5# 炭的碘值、亚甲蓝值相对大小比较高，但在后续的静态和动态吸附实验中却表现出较差的去除效果。在条件允许的情况下，应该尽可能在当地自来水厂进行静态和动态挂炭柱实验，通过静态吸附容量、动态吸附容量、氨氮、亚硝酸盐等指标综合选择炭种，条件不允许的话，可以委托厂家或科研机构进行选炭实验。而且在经过现场挂柱模拟实验初步选定适合当地饮用水深度净化的活性炭后，为了全面选择合适的炭种，最好对选定的炭种进行比表面积、孔容积、孔径以及孔分布的分析和评价，验证所选炭种的合理性。

应当充分考虑活性炭在饮用水深度处理中的再生问题，如怎样争取更多再生次数，使净水活性炭总体使用周期更长，延长净水炭使用寿命，从而降低制水成本。与此同时，可以考虑尝试臭氧－活性炭联用工艺、臭氧—生物活性炭技术、活性炭与膜联用工艺等复合工艺对饮用水进行深度净化。

第四节　饮用水处理中的反渗透理论与技术

反渗透技术是一种简单、有效、可靠的水处理方法，对解决水资源短缺是行之有效的途径。目前反渗透的预处理系统可以选用超滤和常规处理。超滤能够延长反渗透膜的化学清洗周期，但是费用较高，常规处理虽然费用较低，而预处理效果远远不及超滤。

一、水资源状况

由于世界人口的增长和社会经济的发展，人类的用水量剧增，原有的清洁水资源受到人类活动的污染，使地球上水资源利用日趋紧张。我国水资源总量可观，水资源总量为 2.8×10^{12} m³。但人均水资源量为 2 238.6 m³，仅相当于世界人均占有量的 1/4，排在世界第 109 位。我国属水资源脆弱国。而且，我国水资源分布很不均匀，由于受到大气环流，海陆位置及地形、地貌等多种因素的影响，一方面是时间分布不均，夏秋多、冬春少，每年 7—8 月的水资源占全年水资源总量的 80%；另一方面是空间分布不均匀，东多西少，南多北少，长江、珠江流域降雨比较丰沛，黄河流域、淮河流域则十分短缺，且黄河下游地段经常断流，1997 年竟长达 242 天，断流里程近 300 km。另外，我国水资源管理无序、用水粗放，使水资源短缺问题愈加突出，已被联合国列为 13 个水资源最贫乏的国家之一。据统计，我国 660 个城市中有 330 多个城市不同程度缺水，其中严重缺水的城市达 108 个，在 32 个百万人口以上的大城市中，就有 30 个城市长期受缺水的困扰。由于水资源的不足，我国城市工业每年损失为数千亿元。

（一）苦咸水淡化为饮用水

我国某些地区，由于降水稀少，蒸发强烈，水资源天然匮乏，作为主要供水水源的地下水普遍含盐、氟量高，大部分地区又没有可替代的淡水资源，饮用水源只能是苦咸水。苦咸水由于水质低劣，口感极差，甚至不能饮用，其中多项指标不符合或达不到国家《饮用水卫生标准》，表现为高浓度盐碱成分，甚至表现为高硬度、高氟、高砷、高铁锰、低碘、低硒特征，多年以来严重影响了当地人的生活质量和身体健康水平。一些地区，如海岛由于其特定的自然地理和气候条件，降雨量不足且集中在雨季（时空分布不均），除有限的水库收集部分外，其他的难以收集；地下水资源也十分匮乏，许多味苦咸水，难以直接利用，由此可见苦咸水淡化为饮用水的紧迫性与必要性。

通常将含盐量为 1 000 mg/L 以上的水称为苦咸水。在我国西北地区，苦咸水中的含盐量一般在 2000～8 000 mg/L，属于中高度苦咸水。低度苦咸水作为饮用水已有明显的异味和口感；中度苦咸水人畜已不能饮用，偶尔饮用也会引起身体的极度不适。另外，苦咸水中超标盐类和杂质对人体的危害是很大的，许多地方病的根源在于饮用水。比如，我国西北地区的消化系统疾病十分普遍而且是胃癌、食道癌、肝硬化、肝癌及结石病的高发病区，这是由饮用水中矿化度过高，硫酸盐、亚硝酸盐类及有机物质腐殖质超标造成的。

在 2006 年世界水大会上，世界卫生组织提出的"健康水"的完整科学概念引起了广泛关注。其概念是饮用水应该满足以下几个递进性要求：

①没有污染，不含致病菌、重金属和有害化学物质；

②含有人体所需的天然矿物质和微量元素；

③生命活力没有退化，呈弱碱性，活性强等。

为保证某些地区或岛屿的饮用水是"健康水"，需采用一些苦咸水淡化处理技术改善饮用水的水质。苦咸水的淡化实际上就是盐水淡化，即使盐水脱盐淡化或者经处理后达到饮用水标准。常用的苦咸水淡化方法有许多，主要是蒸馏法、电渗析法和反渗透法。目前苦咸水淡化大多采用反渗透和电渗析法，主要是反渗透。虽然现有淡化容量的 70% 是蒸馏法，主要是多极闪蒸，然而这样的局面正在发生改变，反渗透有低投资和低能耗的特点，大有后来者居上的趋势。

（二）城市污水回用

污水作为一种稳定可靠、可再生利用的水资源，对其充分开发利用是有效节约、开发利用水资源的重要手段之一，是解决城市缺水问题的关键。对于缺水的城市来说，城市废水是一笔宝贵的财富，废水回用应该是解决我国城市水荒的根本途径。城市污水数量巨大，就近可得，易于收集，废水处理技术也较成熟且费用不高。作为城市第二水源，它要比长距离引水更加实际且花钱要少。我国城市目前每年的缺水量达 60 亿 m^3，如果全国废水回用率达到 20%，就可提供水量 40 亿 m^3，解决了缺水量的 67%，即通过废水回用，足以解决一大批缺水城市的水荒问题。

虽然我国早在 20 世纪 50 年代就开始采用污水灌溉的方式回用污水，但真正将污水深度处理后回用于城市生活和工业生产则是近几年才发展起来的。最先采用污水回用的是大楼污水的再利用，然后逐渐扩大到缺水城市的各行各业。1990年，我国将"污水净化与资源化技术研究"列入"八五"国家科技攻关计划，组织了城市污水资源化和土地处理与稳定塘系统的科技攻关并建立了示范工程，研制了成套技术设施并推广使用，其中部分研究成果已经应用于天津纪庄子污水处理厂的改造工程中。纪庄子污水处理厂建成投产后，其一级处理水的基建费用比引滦工程低，水价也比引滦水便宜。实践证明，在我国开展污水再生利用的研究应用是符合国情的，是必要而且可行的。

目前，我国部分城市污水再生利用项目的建设已经启动。一些城市或区域正全面规划污水资源化工程，有的已经开始付诸实施。青岛市 4 万 m^3/d 的再生水工程和配套中水管道已经投产；天津市中心城区已经拥有 4 座大型污水处理厂，污水处理能力已由 20 世纪初的 26 万 t/d 发展到 139 万 t/d。2005 年底北仓污水处理厂投入运行后，污水处理能力将达到 149 万 t/d。预计市中心城区污水平均排放量为 116 万 t/d，实际处理污水量可达 90 万 t/d，77.6% 的污水达标排放。目前已经建成的纪庄子再生水厂，生产量为 5 万 t/d，用于梅江地区 9 个居民区和陈塘庄工业区。大连市实施"蓝天碧海"工程，生产再生水 20 万 m^3/d；抚顺市建设了 20 万 m^3/d 再生水回用设施用于工业供水。南水北调东线治污规划、淮河流域和海河流域的城市污水处理"十五"计划中，提出了 100 多项城市污水再生利用工程建设计划，在加强水污染治理的同时，开始启动污水再生利用工作。

二级出水中只含有 0.1% 的污染物质，具有易于收集、易于集中处理、就近可得、水量规模较大、稳定可靠、不受制于天气等优点。将其再生回用，作为城市第一水源，要比海水、雨水来得实际，比长距离引水投资省得多。将污水深度处理后作为再生资源置换出等量的自来水，无疑是解决目前城市水资源供需矛盾的有效途径。开辟这种非传统的水资源利用途径，实现污水的再生与回用，对保障城市安全供水具有重要的战略意义。

城市污水再生利用产生的经济、社会和生态效益主要体现在：降低给水处理和供水费用，减少城市污水排放及相关的排水工程投资与运行费用，改善生态与社会经济环境，促进工业、旅游业、水产养殖业、农林牧业的发展，改善生存环境，促进和保障人体健康，减少疾病危害，增加可供水量，促进经济发展并避免因缺水而造成的损失等。城市污水主要回用于农业、工业、城市杂用以及城市生态等。

1. 城市污水回用于农业

污水用于农业灌溉是一种较为合理的用途。首先，污水，特别是生活污水中含有大量的氮、磷等植物生长所必需的营养物质，污水灌溉除了满足作物对水分的需求外，还能满足或补充作物对养分的需求，浇灌后可增产 5% ～ 10%。其次，农业灌溉对水质的要求不太严格，污水只要稍经处理就可以使用。经试验，污水灌溉后 COD 的去除率 90% 以上，BOD、氨氮、总磷的去除率在 95% 以上。因此，在水源紧缺地区，采用污水灌溉既能缓解水资源不足的矛盾，又能促进农业增产改善环境。

2. 城市污水回用于工业

经过处理后的城市污水可用作火力发电厂的冷却水、炼铁高炉冷却水、石油化工企业中一些敞开式循环水等，在石油开采中回用水还可用于油井注入等。冷却水对水质要求不高，经过处理的一级出水加上某些化学处理，就可满足冷却用水的水质要求，而这些化学处理是为了尽量减少结垢、腐蚀、积垢和孳生生物。循环冷却水应符合《工业循环冷却水处理设计规范》（GB 50050—2007）。由此可见，将污水作为冷却水发展前景广阔。

3. 城市污水回用于城市杂用

市政杂用水包括城市绿化用水、建筑施工用水、洗车用水、冲厕用水等，其水质介于上水和下水中间，又名中水。我国城市污水回用作市政杂用水起步较晚，但发展较快。目前在北京、天津、大连、青岛等城市已建成一系列的回用工程。市政杂用水水质要满足卫生和设备的要求，还要注重人们的感官要求。水质应符合《生活采用水水质标准》（CJ25.1-1989）。如果城市分散建立起污水再利用系统，不仅会使城市淡水用量大为减少，而且能使污水资源得到充分利用，减少水环境污染。

4. 城市污水回用于城市生态

进入 20 世纪 80 年代以来，径流量的减少，工农业、生活用水量的增加，致使补充城市河湖的水量非常少。进入 20 世纪 90 年代后，为了改善环境质量，我国一些城市逐步加大了城市生态用水建设。比如，石家庄市修建了 67 km 长的民心河，每年补充河湖用水 3000 万 m^3。近年来承德市也加大了武烈河的补水等。2010 年，河北省城市引水入市改善市区环境用水量达到 2.11 亿 m^3。因此，根据河湖补充用水的不同要求，利用处理过的城市污水补充河湖用水，既解决了污水问题，又解决了生态用水与工农业、生活用水间争水的矛盾。

根据用户对水质的要求以及污水中各种污染物的含量，可以采用生物处理、砂滤、硝化、脱氮、絮凝沉淀、活性炭吸附、离子交换、膜析、消毒等多种处理技术，使其组合成能够达到处理要求的工艺流程，实现城市污水的再生回用。根据净化原理可将城市污水再生回用处理技术及工艺流程分为以下 4 种类型。

（1）以物理化学处理技术为核心的工艺流程

以城市污水二级处理出水或经过预处理的建筑内部优质杂排水为处理对象，采用常规给水处理工艺流程或在此基础上增加臭氧－活性炭技术。处理后的水可用作建筑中水、市政杂用水、工业用水等。典型工艺流程为：城市污水二级处理出水或经过预处理的建筑内部优质杂排水—絮凝—沉淀—砂滤—臭氧氧化—活性炭过滤—消毒—回用。此类工艺具有技术成热、处理效果稳定、出水水质好等优点，不足的是工艺流程长，占地面积大，基建费用高，运行管理麻烦。我国早期的建筑中水处理多数采用这类处理工艺，部分城市污水处理厂的再生工程也采用此类工艺。比如，2001 年 7 月投入运行的北京高碑店污水处理厂处理水资源化工程采用城市污水二级处理出水分机械加速澄清—砂滤—消毒—回用的工艺流程，设计规模 37 万 m^3/d。再生水主要用作工业冷却用水和市政杂用水。

（2）以生物处理技术为核心的工艺流程

若以农业用水和简单工业用水以及市政杂用水为回用目的，可以通过对典型城市二级处理工艺强化改造或在此基础上增加过滤单元得以实现。此类工艺以生物处理法为主体，主要由格栅、沉砂、生物处理单元（如生物接触氧化、氧化沟、氧化塘、曝气生物滤池等一种或几种组合）、消毒等几部分组成，BOD、SS 去除率为 90% 以上，N、P 等营养元素可根据用水要求选择相应的生物处理单元进行处理。生物处理是利用大量微生物降解污水中的有机物，N、P 等污染物，是污水处理及再生回用处理不可缺少的主要技术单元。根据微生物的生活方式不同，生物处理可分为活性污泥法和生物膜法。生物处理技术在污水处理中的应用已经非常成熟，运行稳定。通过合适的处理单元组合，经过生物处理的污水可以满足农业用水和简单工业用水以及市政杂用水的水质要求。

（3）以膜技术为核心的工艺流程

在国外，膜处理技术于 20 世纪六七十年代已经开始应用于污水回用处理，美国、新加坡等已经将城市污水通过膜处理后作为饮用水水源。我国在最近 10 年才开始将膜处理技术用于城市污水回用的工程应用研究和开发。膜处理技术是采用隔膜将水中的杂质和水分离的方法。城市污水回用处理中应用的典型工艺流程为：城市污水二级处理厂出水—砂滤—膜处理（超滤微滤、反渗透、离子交换等）—消毒—回用。此类工艺的特点是占地面积小，出水水质稳定且优于常规生化再生处理工艺，操作简单，易实现自动化，但动力消耗大，处理成本高。天津开发区污水集中回用项目新水源一厂 2001 年采用双膜工艺（连续流微滤、反渗透）进行了城市污水再生回用处理中间试验，效果良好。新加坡务德区水回用系统、悉尼奥运村均采用此工艺进行城市污水回用处理。清华大学等的研究单位 2001 年在北京高碑店污水厂建立的 500 m³/d 回用水处理工业装置，采用超滤工艺，将出水作为洗车用水，建立了北京第一条中水自动洗车站。不仅节约了大量新鲜水，且洗车成本是同类洗车站的 50%。

（4）以膜生物技术为核心的工艺流程

膜生物技术（MBR 工艺）是将生物处理与膜分离相结合的一种组合工艺。用膜生物反应器取代传统污水生化处理工艺中的沉池，既可以高效地进行固液分离，得到可直接使用的稳定中水，又可在生物池内维持高浓度的微生物量。该工艺剩余污泥少，能有效地去除氨氮，出水悬浮物和浊度很低，出水中细菌和病毒被大幅度去除，占地面积小，操作管理方便，易于实现自动控制，易于从传统工艺进行改造。其不足之处是膜造价高，膜污染给操作管理带来不便，能耗高。我国在"十五"期间对 MBR 工艺进行了大量的研究和开发。1998 年，清华大学进行的一体式膜生物反应器中试系统通过了国家鉴定。2000 年，清华大学在北京市海淀乡医院建起了一套实用的 MBR 系统，用以处理医院废水，目前运转正常。2004 年，天津大学采用 MBR 工艺将游泳馆洗浴废水处理后用于校园内景观绿化用水工程，占地面积约为 120 m²，日处理量 500 m³，基建投资约为 270 万元，制水成本约为 0.95 元/立方米，每年可节约自来水 15 万 m³，具有相当可观的经济效益，被评为"高校节水综合示范工程"。传统处理技术都不同程度地存在着分离效率低、能耗大、对水温要求严格等缺点。但膜分离技术的出现和发展，很好地解决了这些问题。在膜分离过程中，物质不发生相的变化，分离系数较大，操作温度在室温左右，这些优点使其成为解决当代人类面临的能源危机、资源危机、环境危机等重大问题的重要新技术。

二、水处理中的膜分离技术

人类对于膜的认识和研究具有悠久的历史，法国科学家阿贝·诺伦特在 18 世纪末就发现水能自然地扩散到装有酒精溶液的膀胱内，从而首次揭示了膜分离现象。1864 年特劳伯成功地研制出亚铁氰化铜膜（人类历史上第一片人造膜）。但直到 20 世纪 30 年代人们才开始起步研究膜分离技术。1963 年杜布福特制成第一个膜渗析器，从此开创了膜分离技术研究应用的新纪年。随着各种膜分离技术的研发，膜分离技术在环境保护各个领域的应用越来越广泛，已经广泛应用于含油废水、电厂循环冷却水、饮用水、锅炉脱盐水、高浓度生活污水等的处理过程中。膜分离技术凭借其超于常规处理方法的诸多优点将在很多领域占据越来越重要的位置。

膜分离技术是以选择性透过膜为分离介质，当在两侧施加某种推动力时，原料侧组分就会有选择地透过膜，从而达到分离和提纯的目的。

膜分离技术的特点主要表现在如下方面。

第一，膜分离技术能耗低。因为膜分离过程不发生相变化，其中以反渗透耗能最低，这对于解决国家的能源危机有相当的意义。

第二，膜分离技术对于热敏感物质分离效果好。因为膜分离技术是在常温下进行的。

第三，膜分离技术适用的范围广，且反应过程不会改变物质的属性，也不需要有添加剂参加反应，不会带来新的污染物和浪费其他物质，可用于多种类型的废水处理过程。

第四，膜分离技术所需设备简单，便于维修，而且设备占地面积一般小于常规处理方法，处理效果好，所以运营成本低。

第五，膜分离技术设备可实现定型化，自控性强，便于管理和运行，也有利于产业化发展。

第六，减少污水处理残渣，提高表面水的再使用率。

第七，最理想的灌溉用水。

第八，杀菌。

第九，减少农业中流失的危险物质。

第十，可以部分使用处理过的废水。

第十一，可以有效地保护地下水。

第十二，在发展中国家，甚至发达国家可以减少废水处理的成本。

第十三，通过纳滤去除痕量污染物或者去除金属离子。

第十四，使用膜生物反应器消毒。

第十五，可以使现代工业回收水具有多于 12 次的使用寿命。

不同的膜分离技术可以采用不同结构、不同材质、不同选择特性的膜，同时在膜分离的过程中，被膜隔开的两相可以呈液态，也可以呈气态，推动力可以是压力梯度、浓度梯度、电位梯度或温度梯度，所以不同膜分离技术的适用分离体系和范围也会有所不同。通常情况下，学术界一般根据各种膜分离技术所需能量的不同对其进行分类：渗析、电渗析、反渗透、超滤等。

（一）渗析

渗析是溶质在自身的浓度梯度作用下，从膜的上游传向膜的下游的过程。渗析是最早被发现并研究的膜分离技术，但因为受到本身体系的限制，渗析过程进行缓慢，效率低下，渗析过程的选择性不高，因此渗析过程主要用于脱除含有多种溶质的溶液中的低分子量组分，如血液渗析，即以渗析膜代替肾来去除尿素、磷酸盐和尿酸等有毒的低分子量组分，以缓解肾衰竭和尿毒症患者的病情。

（二）电渗析

电渗析膜技术的关键是要采用离子交换膜，是一种电场力推动的膜分离方法。它是一种有离子交换基团的网状立体结构的高分子膜，离子可以有选择地透过，即阴离子膜仅允许阴离子通过，而阳离子膜则仅允许阳离子通过。在分离或提纯时，溶液中的离子在直流电场的作用下，以电位差为动力，透过膜做定向运动，从而达到分离或浓缩的目的。

电渗析系统通常由预处理设备、整流器、自动控制设备和电渗析器等组成。电渗析技术特点是对分离组分选择性高，对预处理要求较低，能量消耗低，装置设备与系统应用灵活、操作维修方便、装置使用寿命长、原水回收率高和不污染环境等。目前电渗析膜技术已达很高水平。它先用于海水和苦咸水淡化，之后又用于海水制盐和工业给水与废水的处理。近年来我国在制碱和锅炉给水处理中推广应用电渗析膜，获得显著成效。

1952 年，美国离子公司根据电渗析原理，研制出世界上第一台电渗析器，用于苦咸水淡化制取生活饮用水。20 世纪 70 年代频繁倒极电渗析技术（EDR）开发成功，使电渗析装置运行更加方便，工作应用更加稳定。日本于 20 世纪 50 年代末开发了这一技术，20 世纪 60 年代将其用于海水浓缩制盐和氯碱工业制浓盐水。我国于 1958 年开始研究开发电渗析技术，1965 年我国第一台电渗析装置试用于成昆铁路建设，1967 年完成了异相离子交换膜的工业化生产。到目前为止，电渗析技术已在海水、苦咸水淡化制取生活饮用水和工业用纯水、超纯水制造方面发挥了显著的效果。其应用面遍布全国各地的各行各业，其应用面和膜产量均居世界同行前列。在我国，电渗析已成为一种成熟的水处理工艺技术。电渗析本体已按专业标准组织生产，制水量有从每小时几十升到几十吨多种规格可选，工程应用可由单台至几十台设备组合排列，以满足不同制水量和不同脱盐效果的要求。与国际水平相比，我国电渗析工艺工程水平已接近世界先进水平，差距较大的是离子交换膜的品种单一，限制了这一技术在高浓度浓缩和不同离子分离等方面的应用。就水处理行业而言，尽管有少数电渗析装置进口，但由于进口电渗析价格大大地高于国产装置，所以目前国内电渗析仍由国货所统治。1995 年统计结果表明，电渗析用于苦咸水淡化，总造水量达 1.07×10^6 t/d。

（三）反渗透、超滤

反渗透和超滤是密切相关的两种分离技术。反渗透是指从高浓度溶液中分离较小的溶质分子；超滤则是指从溶剂中分离较大的溶质分子，这些粒子甚至可以大到能悬浮的程度。对于小孔径的膜来说，超滤与反渗透相重叠，而对孔径较大的膜来说，超滤又与微孔过滤相重叠。也有把 1 μm 的颗粒定为超滤的上限，把 10 nm 的颗粒定为反渗透的上限，当颗粒物大于 50 nm 后，即属于一般的颗粒过滤，说明目前对划分的界限尚无一个绝对的标准。超滤与反渗透的主要区别在于以下几个方面。

它们的分离范围不同。超滤能够分离的溶质分子量为 100 万～ 500 万、分子大小为 10 ～ 300 nm 的高分子；而反渗透能够分离的是只有无机离子和有机分子。

它们使用的压力也不同。反渗透需要高压，一般为 10 ～ 100 kg/cm^2，超滤则需要低压，一般为 1 ～ 10kg/cm^2。

另外，超滤中一般不考虑渗透压的作用，而反渗透由于分离的分子非常小，与推动压力相比，渗透压变得十分重要而不能忽略不计。超滤和反渗透大都用不对称膜，分离的机理主要是筛分效应，故其分离特性与成膜聚合物的化学性质关系不大。而反渗透膜的选择性皮层是由均质聚合物层组成的，这样膜聚合物的化学性质对透过特性的影响很大。

三、反渗透技术

1960 年罗卜和索里拉金根据上述原理制备了世界上第一张高脱盐率、高通量的不对称膜醋酸纤维素（CA）反渗透膜。20 世纪 70 年代初，美国杜邦公司开发成功了芳族聚酰胺（PA）中空纤维反渗透膜；20 世纪 80 年代初，聚酰胺复合膜及卷式元件研究成功；20 世纪 80 年代末，高脱盐率复合膜及卷式元件投入生产；20 世纪 90 年代中期，超低压高脱盐度聚酰胺复合膜及元件投放市场。我国反渗透膜技术的研究开发始于 1965 年。1967 年至 1969 年的"全国海水淡化会战"为 CA 不对称反渗透膜的开发打下了良好的基础，1982 年我国第一个 CA 卷式膜元件研究成功，1983 年 CTA 中空纤维组件研制成功，1984 年大型 8 卷式组件研制成功。20 世纪 80 年代末，国家"七五"科技攻关期间，电子工业用 18 MΩ/cm 大型工业化超纯水系统、高压锅炉补给水用大型反渗透装置和海岛苦咸水反渗透淡化制取饮用水，三项示范工程获得成功，并在全国范围内纯水、超纯水的制造中得到大力推广应用，该项目获国家科技进步一等奖。1991 年，国产 CTA 中空纤维反渗透膜组件用于食用纯净水生产获得成功，我国第一批纯净水投放市场。1994 年，二级反渗透系统研制成功，并首次用于纯净水的制造，割除了原工艺中的离子交换过程。1995 年，膜法直接制取医用注射用水获得成功，并分别在安徽繁昌制药厂和北京协和医院投入示范考核运行。

与国外相比，国内反渗透工艺和工程技术已接近国外先进水平，但膜和组器技术与国际同类产品仍有较大的差别，复合膜虽已完成中试放大，但离工业生产仍有较大距离。当前反渗透膜组件市场上，中空纤维型仍以国产 CTA 膜组件为主，而卷式型基本上由进口 PA 复合膜元件所占据。在工程上，我国引进以复合膜和其他关键部件，设计制造反渗透装置，取代了以往整机进口的局面，实践证明是成功的。但需要注意的是，许多小企业由于缺乏反渗透系统设计的专业技术，用户技术培训不到位，操作、维护不当，致使反渗透膜使用寿命大大缩短，这已成为当前我国反渗透工程应用中的一个普遍问题。

（一）反渗透原理以及特点

对透过的物质具有选择性的薄膜称为半透膜，一般将只能透过溶剂而不能透过溶质的薄膜称为理想的半透膜。当把相同体积的稀溶液（如淡水）和浓溶液（如盐水）分别置于半透膜的两侧时，稀溶液中的溶剂将自发地透过半透膜向浓溶液一侧流动，这一现象称为渗透。

当渗透过程达到平衡时，浓溶液侧的液面会比稀溶液的液面高出一定高度，即形成一个压差，称为渗透压。渗透压的大小取决于溶液的固有性质，即与溶液的种类、浓度和温度有关而与半透膜的性质无关。若在浓溶液一侧施加一个大于渗透压的压力，溶剂的流动方向将与原来的渗透方向相反，开始从浓溶液向稀溶液一侧流动，这一现象称为反渗透。

反渗透装置就是利用上述这一原理，利用高压泵将待处理水增压后，借助半透膜的选择截留作用来除去水中无机离子的。由于反渗透膜在高压情况下，只允许水分子通过，而不允许钾、钠、钙、锌、病毒、细菌通过，所以它能获得高质量的纯水。

反渗透系统由反渗透装置、预处理装置和后处理装置三部分组成。反渗透技术的特点是能耗低，膜选择性高，装置结构紧凑、操作简便易、维修，不污染环境等。

（二）反渗透系统

1. 反渗透法给水预处理

给水预处理对反渗透法安全运行是至关重要的。无论地表水或地下水，都含有一些可溶或不可溶的有机物和无机物。虽然反渗透能截留这些物质，但反渗透主要是用来脱盐的。如果反渗透给水中含有过多的悬浮物质，这些物质将会淤积在膜表面，还可使水因硬度过高而结垢，这些将使流道堵塞，造成膜组件压差增大、产水量和脱盐率下降，甚至造成膜组件报废的严重结果。另外不同膜材料具有不同的化学稳定性，它们对 pH 值、余氯、温度、细菌、某些化学物质等的稳定性也有很大的影响，对给水预处理的要求也不同。一般来讲，膜组件生产厂商均会提出给水水质指标。这些指标包括以下几个方面。

①淤泥密度指数（SDI）。该指数能较好地反映给水中胶体、浊度和悬浮物的含量，给水预处理后，SDI 越低，对应膜组件的使用年限越长，一般要求 SDI 小于等于 4。为了降低给水中的 SDI，可采取絮凝、沉淀、过滤等方法。

② pH 值。复合膜耐 pH 值范围较宽（2～11），而三醋酸纤维素耐 pH 值范围较窄（3～8），超过规定范围，膜易水解。调节 pH 值的另一个目的是降低给水中的碱度。

③碱度。碱度是度量水样中和酸的能力，能与酸中和的物质是氢氧根离子、碳酸盐、碳酸氢盐、硅酸盐和磷酸盐等，碱度与氢氧化物和碳酸盐结垢有密切关系。碱度过高就必须用酸中和加以破坏。

④温度。不同膜材料的耐温能力有所不同。比如，复合膜耐温可高达 45℃，而三醋酸纤维膜则不能超过 35℃，水温度过高还会增加膜的压密性，膜组件产水量会大大下降。此外，较高的水温（超过 25℃）会加速细菌的繁殖，这时更要注意灭菌措施。

⑤铁锰的含量。铁、锰易造成膜面上污垢的沉积。

⑥硫酸盐。硫酸盐（如 $CaSO_4$）不易清除，当硫酸盐和钙、镁含量较高时，必须注意加防垢剂，严格控制水的回收率。

⑦硬度。硬度主要指钙离子和镁离子的含量，它是碳酸盐垢和硫酸盐垢的主要成分。通过计算水中 Lange-lier 饱和指数、Stiff 和 Davis 稳定指数可判断结垢的趋势。

⑧余氯。加氧灭菌也是反渗透淡化过程中不可少的过程，但不同膜材料的耐氯性有很大的差别。三醋酸纤维素耐氯性能较好，可耐 1.0 mg/L 的余氯，而复合膜则只能在余氯含量低于 0.1 mg/L 的条件下运行。加入亚硫酸氢钠可以降低余氯含量。

⑨总有机碳（TOC）。TOC 过多可能引起微生物污染，特别是经过杀菌消毒过程，如水温较高，消毒分解的有机物正是细菌的饵料，以致残存的细菌繁殖更快，醋酸纤维素膜对此非常敏感。可通过活性炭吸附降低给水中的 TOC。

2. 反渗透淡化系统的安全运行

虽然反渗透系统运行已被证明是可靠的，但产生的故障也不少，如给水预处理不当，没有按规定控制各种运行参数，这些均由操作不当引起。因此，反渗透淡化系统安全运行必须注意以下问题。

①定期测试 SDI 指数。SDI 过高，会造成膜组件的不可逆污染，缩短组件的寿命。

②控制回收率。回收率过高，一方面使难溶盐的组分超过溶度积而结垢，另一方面组件里的浓水流速过低，易于产生浓差极化引起结垢，同时不利于把水中胶体、悬浮物等排出。

③注意膜组件的压差。膜组件的初期压差是很小的，如若压差增大较快，则预示膜组件被污染或结垢，必须查出原因，并予以纠正。

④注意产水量和脱盐率的变化，通常与压差变化同时出现。如果在短时间内产水量和脱盐率明显发生变化，必须检查预处理系统运行是否正常，如加药量是否合适，过滤器是否漏砂等。

3. 反渗透技术的缺点

反渗透技术应用十分广泛，主要应用于海水淡化、纯水和超纯水制备、城市给水处理、城市污水处理及应用、工业电镀废水及纸浆和造纸工业废水处理、化工废水处理、冶金焦化废水处理、食品工业废水处理、医药工业废水处理等。在不断的应用过程中，反渗透的缺点和不足日益显露，如运行管理不严。系统运行时，压力要处于膜可承受的压力范围内，防止超强度、超负荷运行使膜产生机械性损失，导致泄露发生。另外，不能针对原水水质进行膜材料和型号的选择。最重要的是，反渗透浓水排放问题在将来会成为新的研究课题。

4. 反渗透膜污染

反渗透系统装置简单，易于操作和控制，便于维修，分离效率高，占地面积小，已被广泛应用于饮用水净化，电子，化工，电力，纺织，冶金，石化，以及海水、苦咸水淡化等工业生产过程中，在水处理领域中占有十分重要的地位。由于反渗透系统对给水水质要求较高，如果预处理不当或不够，会发生结垢和污染现象。反渗透膜组件结垢和污染不但使产水水质恶化、产水率下降、系统压降增大、能耗增加，如果不及时清洗，还会对膜造成不可逆的损伤，缩短膜寿命，严重时必须提前更换膜元件。目前国内许多的反渗透系统大多由海德能、陶氏等公司提供设备组件及设计依据。由于用户对设备的使用情况认识不足，在使用中存在许多问题，因此清洗工作是保证反渗透膜在寿命期内正常运行的关键。

（1）常见的反渗透膜污染物

反渗透系统对给水水质要求较高，通常要求 SDI < 3.0，因此反渗透系统之前通常配有较为完善的预处理系统。尽管如此，在正常运行一段时间后，反渗透膜还是会受到给水中悬浮物或难溶盐的污染，这些污染物中最常见的是碳酸钙、硫酸钙、硫酸钡、硫酸银沉淀，金属（铁、锰、铜、镍、铝等）氧化物沉淀，硅沉

积物，无机或有机沉淀混合物，NOM 天然有机物，合成有机物（如阻垢剂、分散剂、阳离子聚合电解质），微生物（藻类、霉菌、真菌）等。

（2）反渗透膜污染物的成因

①对流沉积反渗透膜过滤是一个错流分离过程，纯水穿过膜孔，而含有各种污染粒子的浓水高速流过膜表面，膜对粒子的吸附叫"对流沉积"，它是反渗透膜污染的主要原因。

②浓差极化会加快膜的污染。因为浓差极化造成邻近膜表面溶质的浓度快速升高，引起边界层流体阻力增加（局部渗透压增加），导致传质推动力下降，产生污垢沉积。

③截流物阻挡截流物加快了膜的污染。例如，螺旋卷式膜及平面板式膜的料液流道间有一层塑料隔网，起支撑膜和增大湍流的作用，但同时也造成截流，污染物受隔网阻挡，迅速沉积下来。

5. 反渗透膜的化学清洗

当反渗透膜运行一定时间后，随着污染物在膜表面的沉积，膜性能会出现不同程度的下降，此时需考虑对反渗透膜进行清洗。反渗透膜的清洗方法分为物理清洗（如低压冲洗、反洗等）、化学清洗、物理－化学清洗，其中化学清洗使用得最为广泛。在进行化学清洗时，清洗药剂扩散进入污染物在膜表面形成的沉积层并与污染物发生化学反应。清洗药剂的扩散速度取决于包括清洗液湍流特性在内的不同因素。在水解、溶解和分散等化学反应的作用下，污染物被从反渗透膜表面去除。

反渗透膜清洗的条件和清洗时机主要依据以下参数的变化来选择：

①在正常给水压力下，产水量较正常值下降 10% ～ 15%；

②为维持正常产水量，经温度校正后的给水压力增加 10% ～ 5%；

③产水水质降低 10% ～ 15%，透盐率增加 10% ～ 15%；

④系统各段之间压差明显增加。

以上标准的基准条件，可考虑取自系统经过最初 48 h 运行时反渗透膜的性能。需要注意的是，如果进水温度降低，膜元件产水量也会下降，这是正常现象，并非反渗透膜的污染所致。预处理失效、压力控制失常或回收率的增加也将会导致产水量的下降或透盐率的增加。当观察到系统出现问题时，此时膜元件可能并不需要清洗，应该首先考虑这类原因。正常的清洗周期是每 3 ～ 12 个月一次。如果 1 个月内清洗一次以上，需对反渗透预处理系统做进一步调整和改善或者重新设计预处理系统。如果清洗频率是每 3 个月一次，需对现有设备进行改造。当膜元件的性能降低至正常值的 30% ～ 50% 时，清洗将不能完全恢复膜元件的性能，此时需考虑更换膜元件。

第二章 气田水处理理论与技术

天然气生产历来在国民经济中起着重要作用。气田在开发初期基本无水或只有少量凝析水产生。当进入中、后期开采后，气井产水（气田水）率升高，使天然气的开发难度加大，气田的天然气产量和采收率递减加快，甚至淹没气田，迫使气田生产井停产。排水采气是减轻气田水影响天然气开采的一种有效措施，是老气田稳产的一种主要技术手段。但气田水矿化度较高，且含有氯化物、硫化物、CO_2、悬浮物和有机物等污染物，若排入环境，将造成污染。因而排水采气生产的气田水能否得到妥善处理将直接影响整个排水采气工艺的实施，进而影响有水气田的开发。

第一节 气田水及其处理概述

目前气田水的出路问题是制约天然气生产的一个重要因素，如何减少气田水对环境的污染，从而保证天然气的正常开采，增加天然气产量，越来越受到人们的关注。而对于气田水的处理，目前国内外也没有统一的处理方式，主要根据各地各气田水水质的不同，采用不同的处理方式。就我国而言，目前主要的处理方式为回注处理，但目前还没有正式的国家回注标准，对回注水的处理也比较简单，一般都采用隔油、混凝沉降（少部分有过滤装置）后，直接回注。因而，对于目前的气田水回注井，尤其是早期的开发的回注井，由于人们对气田水水质等了解，在回注工艺中遇到了一些问题。因此，有必要对气田水的回注处理做深入研究，从根本上解决气田水回注处理中存在的问题，提高气田水回注处理的水平，有效地控制气田水对环境造成的不良影响，还可以从根本上解决气田水的出路，促进天然气的生产。

一、气田水的概述

气田水通常是指在采气过程中随天然气一同带出地面的地下水，气田水大部分于气井井口经分离器而被分离出，少部分在天然气集输管线中凝结后被分离出。此外，天然气脱硫厂也产生大量污水，与采气污水统称为气田水。

（一）气田水的来源

气田水是指在天然气开采过程中，与天然气一起采出的地层水。它一般有两种形式。一种是在地层深处以液态形式存在的地层水，和天然气一同被采出，在地面经气水分离器分离后形成的气田水。这种地层水在高温高压的地层中可能溶入了大量地层中的各种盐类和气体，还含有在采气过程中从地层中携带出的许多悬浮固体，以及在气体输送处理过程中加入的化学药剂，是气田水的主要来源，其水质受所处地层的影响而有比较大的差别。另一种是在地层深处以气态形式存在的水，与天然气一同到达地面后，因温度或气压降低而冷凝析出的冷凝水，在气田水中占的比例较小。气田进入中晚期开发后，众多增产措施，特别是泡沫排水采气等排水采气方法的实施，使气田产水量增加趋势变快，且由这些措施排水产生的大量泡沫易腐蚀设备和堵塞输送管道，造成严重的经济损失且危害社会效益，因此气田水处理受到更为密切的重视。

（二）气田水的危害

经天然气开采后形成的气田水，如果不经处理直接排放会对周围生态环境造成极大的影响，其危害主要有以下方面。

①对地表水的危害。气田水冲入河流后，将使水体的 COD_{Cr} 值、色度、悬浮物、石油类物质、挥发酚、硫化物、金属离子等严重超标，影响水生生物的正常生长。气田水中的悬浮物含量高，常在 1200 mg/L 以上，并呈胶体状，若进入水体而长时间不能下沉，将导致水体生态的自净能力下降，进而影响水的使用。

②对地下水的危害。气田水进入土壤后，因 Na^+ 的交换作用，土壤粒子上的 Ca^{2+}、Mg^{2+} 被交换进入水中，随着气田水渗透进入表层地下水，尤其是浅层地下水，使地下水的永久硬度升高，若开采利用，就会增加软化处理费用。另外，气田水通过土壤或注水井漏层（套管破裂）渗漏，或因注水层层位浅，而进入地下水，使地下水利用价值因 Cl^- 或重金属的污染而降低，甚至不能利用。

③对土壤的危害。Na^+ 能交换土壤粒子上的 Ca^{2+}、Mg^{2+}，使土壤生物物理性能变差，土壤变硬进而板结失去种植能力。其对农作物也会产生影响，气田水中含盐量往往超过作物的耐受程度（允许 $Cl^- < 300$ mg/L）。

④对农作物的危害。含高氯化物的气田水排入土壤中会造成土壤盐碱化，土壤理化性能被改变，肥力降低，同时因氯离子活性比硝酸根和磷酸根强，它会抑制农作物对 N、P 的吸收，因而造成农作物减产。据资料报道，水中 $Cl^- > 300$ mg/L 时，

能阻碍水稻苗生长；Cl⁻ > 500 mg/L 时，水稻苗呈黑灰色且不会结籽。硫化物会使农作物烂根死亡。

⑤对人体健康的危害。铅、镉、砷、锌等重金属能被植物吸收并在体内富集，进而通过食物链或饮用水进入人体。铅主要损害人的神经系统、造血系统和心血管系统，引起多种疾病。砷能引起四肢疼痛，肌肉萎缩，头发变脆脱落，还能使皮肤色素沉着，引起手掌脚趾皮肤角化症状等。

气田水对矿区周围土壤植被等生态环境的破坏一般是不可恢复的或恢复时间较长的，所以必须将气田水进行处理后排放，以保护环境和公众健康。

（三）气田水对天然气生产的影响

我国"西部大开发战略"以及"西气东输"战略性能源结构调整的实施，无疑将给天然气工业带来极大的发展机遇。西南油气田年产 $100 \times 10^8 \, m^3$ 天然气的目标已经实现。随着天然气工业的发展，气田区域面积不断扩大，开采的气井会越来越多，这样一来，不但天然气产量得到大幅度提高，气田水产量也将会增大。统计资料表明，从 1997 年至 1999 年，四川盆地东部气田区域 152 口气井产水量就增加将近一倍。当气田气井逐步进入中后期开采后，气田水产生量将大大增加。因此，加强对气田水处理工艺的研究，将直接关系到天然气工业发展的进程，否则将会丧失目前天然气工业发展的大好机遇。

在天然气开采过程中，随着天然气的不断采出，产气层中的地层压力逐步降低，边水、底水逐步推进至气藏，当气田进入中后期开采后，边水、底水的推进速度更快，若不及时采取措施将浸入产层的边水、底水排出，产气层必将被水淹没。为了提高天然气采收率而采取各种排水采气措施势在必行，如化学排水、气举排水、机抽排水以及增压采气等。随着这些排水采气技术措施的实施，气田水也将大量涌向地面。如果对气田水不能进行有效处理，气井必将被限产，甚至关井。因此，对气田水处理工艺的研究将会直接影响天然气的采收率。

综上所述，伴随天然气的开采而产生的气田水，不但会对环境产生危害，而且将对生态环境建设带来不利影响，同时还将直接影响天然气工业的发展速度以及天然气的采收率。

二、气田水处理概述

对于气田水处理的概述，下面先从气田水的治理状况入手，再分析气田水具体的水处理技术。

（一）气田水的治理现状

由于社会经济状况以及技术水平的差异，国内外气田水处理工艺也各有特色。国外主要依靠雄厚的经济实力和大规模开采，采用一些昂贵的处理技术进行气田水治理，而且还在不断地丰富和完善这些技术。国内对工业废水的治理虽取得了一定的成果，但对气田水还未进行专门、系统的研究。目前对气田水，国内外主要采取下述三种治理措施。

1. 回注地层

回注作为一种防止水污染的措施，国外很早就采用了。例如，苏联奥伦堡气田日均产水 8 690 m^3，产出水全部回注，且为了避免注入水上窜至淡水层，还在注水井的附近钻了几口 150 m 深的观察水井进行监测，定期分析水井有无水上窜的情况。1980 年，四川气田开始探索向地层回注气田水，当时的处理步骤是先对气田水进行自然氧化、沉淀、过滤、打捞等处理，然后分别向浅层和深层的废气井进行试注，取得了一定的成效。但是由于气田水自身水质方面的原因，回注过程中出现一些亟待解决的问题：第一，由于在回注前没有对气田水进行很好的处理，回注水中 SS 含量相当高，回注后造成地层堵塞，使回注量降低，回注的效果不够理想；第二，由于回注水中硫化物含量高，矿化度高，回注系统腐蚀严重。可见，要搞好回注及增大回注量，对回注水进行预处理和对其水质进行控制，以及选好回注井是很重要的。

气田水回注对水质指标的要求主要有 pH 值、石油类物质、SS、微粒粒径等。其中气田水的 pH 值与水质配伍性有关，石油类物质大部分为轻质凝析油，上述两项指标从水处理的角度出发要求预处理的工艺较简单；而 SS、微粒粒径两项指标因涉及回注层储渗通透问题显得格外重要，且处理工艺也相对复杂。

（1）悬浮物

气田水中的悬浮物主要由机械杂质、胶体物质等构成。

（2）微粒粒径

微粒粒径是在进行地质论证时，针对回注目的层的孔隙率、渗透率、过水喉道大小及分布情况提出的。回注层要求的水质指标不管是石油类物质还是 SS，本质上讲只与微粒粒径相关，因为气田水中的微粒粒径受到控制，石油类物质和 SS 等指标必然受限。

回注层位的选择关系到处理能力、处理费用和回注系统的使用期限。根据经验得出，回注层位的选择原则如下。

首先，有足够大的储积空间，能容纳大量的注入水，且必须具有较高的渗透率和较好的吸水性能。

其次，上、下隔离层隔离性好，注入层位横向连通性好，在地表无出路。

最后，隔离层不会因受到高压而破裂，进而引起注入水与注入层岩石发生化学反应而堵塞注水层。地层水的物理化学性质必须相容，且不会促进硫酸盐还原菌的繁殖。

（3）水质预处理

气田水中的碳酸盐和硫酸盐，因压力、温度和 pH 值等条件的变化，会析出结晶并沉积到管壁上形成垢。另外，气田水中可能含有的悬浮物和泥沙等也会沉积到管壁上结垢。因结垢可能引起管道、地层堵塞，给作业带来困难，甚至造成巨大的经济损失，所以对注入水必须进行预处理。注入水质预处理包括防垢、防腐、杀菌（三防）和隔氧。

①防垢。回注前，气田水经沉降和过滤，除去悬浮物和泥沙等，接着投加防垢剂（如聚合无机磷酸盐、有机磷酸盐和有机磷酸醋等），其作用是分散晶体，使之不能形成大颗粒析出。上述三类防垢剂均能有效地防止 $CaCO_3$、$CaSO_4$ 和 $BaSO_4$ 成垢。防垢剂一般从采井口加入流到井底，或从一次沉降罐出口加入。回注系统的物理条件（如温度）和水质组成常有变化，注水系统结垢现象也会发生，这可以采取措施清除。

②防腐。气田水中的腐蚀性物质有 Cl^-、H_2S、CO_2、细菌和 O_2 等，因引起腐蚀的原因较复杂，一般通常采用综合防腐措施，即选用耐蚀管材、涂层，加缓蚀剂、隔氧和阴极保护等。

③杀菌。注水系统中的腐生菌、铁细菌（好氧菌）和硫酸盐还原菌（厌氧菌），在一定条件下能大量繁殖，它们的代谢产物及其遗骸还会堵塞地层和管道，因此必须杀灭。

④隔氧。在气田水的溶解气体中，氧造成的腐蚀破坏比 H_2S 和 CO_2 都大。在矿化度高的水中，若溶解氧从 0.02 mg/L 上升到 0.065 mg/L，腐蚀速率约增加 5 倍。溶解氧提高到 1 mg/L 时，腐蚀速率约增加 20 倍。氧腐蚀性之强，是因为它一方面有去极化作用，另一方面能形成浓差电池，二者都能加快腐蚀过程。

关于注入水水质预处理应达到何种程度，各国都没有统一的标准，应根据气田各自的特点（如地层的理化性质）和注水系统的使用要求（如管道使用期限），并通过实验来制定。

2. 综合利用

对任何事物都要一分为二来看待。从对环境的危害来看，气田水是一种必须进行处理的污染物；从利用其所含的有用物质来看，气田水又是一种综合性的液矿资源，有潜在的经济效益和社会效益。在国外，自苏联于 1924 年从巴库气田水中提 I_2 成功后，日本、美国和意大利等国家也纷纷开展从气田水中提取 I_2、Br_2、B 和 Li，其中日本做得最好。日本从 1934 年开始用吹出法从千叶和新泻两县的气田水（含 I_2 量为 60 ～ 70 mg/L）中提取 I_2，至 1969 年 I_2 产量达 4 500 t，居世界之首，而将提取 I_2 后的气田水外排。20 世纪 80 年代，日本又成功研究出用树脂法从气田水中提 Br_2 并实现了工业化。20 世纪 50 年代，美国开始从阿肯色州气田水中提取 Br_2，提取 Br_2 后的气田水回注地层。此外，20 世纪 80 年代苏联研究用含 Al_2O_3 和 Mg 的吸附剂从气田水中提取 Li 并获成功。目前，气田水在某些国家不再被视为一种污、废水，而是一种可开发的新资源。可断定，随着科学技术的发展，气田水中更多的化学元素将会被开发利用。

从资源利用的角度来看，四川盆地气田的气田水是一种可贵的自然资源。四川气田水中不仅氯化钠含量高，还是当今世界罕见的富钾、富硼气田水，而且含有十几种微量元素和稀有元素。比如，威远气田的地层水中除含常见溴（Br）、碘（I）、硼（B）外，还有锂（Li）、铯（Cs）、铷（Rb）、锶（Sr）、锰（Mn）、铬（Cr）、镍（Ni）、铜（Cu）等，甚至还有放射性元素铀（U）和镭（Ra）。又如，在川东发现的高碘气田水，碘含量是单独开采品位的 17 倍，其溴含量也很高，为开采品位的 11 倍。故利用好四川气田水，不但可以发展四川的无机化工工业，为国家提供许多紧缺产品，还可以促进天然气工业的发展。

我国早期对气田水综合治理，主要是平锅熬盐，然后用浓缩的卤水来提取溴、碘、铷等稀有元素。由于气田水中含盐量并不高，熬盐时要消耗大量的天然气，这种方法现已不用。除平锅熬盐外，有的单位还研制出空气吹除离子交换治理方案：先提取化工产品，然后再制盐。其工艺为：气田水经酸化、脱硫和通氯气把溴离子氧化成单质溴，接着用空气吹出，再用氨碱液吸收并经浓缩、热析和烘干获得固体溴化钠产品；对吹溴后的气田水，先加芒硝除钡，然后送入沸石柱进行离子交换，经洗脱、蒸发、结晶和脱水得氯化钾，析钾母液再进入二氧化锰交换柱提取锂，同样经过洗脱、浓缩、分离和沉淀，将沉淀物烘干即得碳酸锂，最后剩下的气田水供真空熬盐。同平锅熬盐相比，该工艺先进，流程紧凑，具有一定综合效益。

3. 处理后达标外排

对濒临海洋或靠近沙漠的气田，因环境质量要求不高，对气田水常直接进行外排处理，如美国、加拿大等很多国家对气田水就是这样处理的。而对环境质量要求严格又无回注条件的气田，需要将气田水通过各种处理达标后外排。德国科学家曾对高含氯气田水提出混凝—气浮—过滤工艺，即将气田水粗滤沉淀，其清液在组合式气浮装置中混凝气浮后送入浸没燃烧器除氯，再至接触氧化塔处理，最后经压力过滤的出水即可排放。美国 Sohio 石油公司在 Texas 西部 Spraborry 油田试验了浸没燃烧汽提法，结果表明，该法可处理 S^{2-} 含量为 400 ～ 500 mg/L 的油田水，处理后水中 S^{2-} 含量为 0.5 ～ 1 mg/L，但 COD_{cr} 还达不到规定的排放标准。四川气田所在地人口密度大，对环境质量要求高，气田水必须经过处理达标后才能外排。据资料统计，四川气田水中的污染物主要是悬浮物、硫化物和 COD_{cr} 等超标严重，因而达标外排处理都是针对它们进行的。针对脱除硫化物，先后开发了低含硫（$S^{2-} \leq 20$mg/L）、高含硫（50 mg/L ＜ S^{2-} ＜ 200 mg/L）和特高含硫（S^{2-} ＞ 500mg/L）的气田水处理工艺；针对降低 COD_{cr}，研究了电解气田水、催化氧化、内电解法等水处理工艺。西南油气田分公司天然气研究院于 1985 年开发出化学氧化脱硫法，即采用 $KMnO_4$、H_2O_2 和 CaCl（OCl）氧化剂来处理硫化物含量为 4 ～ 20 mg/L 的气田水，但因大多数气田水的硫含量都超过 26 mg/L，所以该法具局限性。为使气田水达标外排，国内相关工作者曾做了不少有益的探索性研究，但所提出的工艺基本上皆因投资大，或成本高，或技术不成熟，或操作较复杂等而未在现场获得较好实施。

上述三种治理方法相较而言，回注法为气田水处理的一大出路，但由于其将气田水回注入地层，稍有不慎将造成地层空隙堵塞和地下水源污染；综合治理符合污染治理的资源化要求，但成本较高且受气田地质状况影响较大；废水处理后外排对出水水质要求较高，相应的处理费用比其他两种处理方式高；从环保角度来说，处理外排是气田水处理的最佳选择。

（二）气田水处理技术

气田水的主要环境污染指标是悬浮物、COD_{cr}、石油类及重金属盐类等。随着环保标准日益严格，气田水的处理技术越来越受到重视。现将油气田常用的污水处理方法分别概述如下。

1. 物理处理法

物理处理法主要有机械过滤法和膜分离法。机械过滤法用以除去水中悬浮物或固相颗粒。膜分离法是利用一种特殊的半透膜来分离水中离子和分子的技术，又包括反渗透（RO）、纳滤（NF）、超滤（UF）、微滤（MF）等。在大多数膜分离过程中，物质不发生相变化，分离系数大，操作可在室温进行，所以膜分离过程具有节能、高效的优点。膜分离法是一种发展速度较快的高新污水处理技术，其中纳滤也称纳米过滤，是介于 UF 和 RO 之间的一种以压力为驱动力的新型膜分离技术，可截断相对分子质量为 300 ~ 3 000 的物质，具有耐热性良好、适应 pH 范围广、耐有机溶剂及稳定性好等优点，最适用于有机污水的处理。

2. 化学处理法

化学处理法是利用化学反应的作用来转化、分离、回收或处理污水中污染物质的水处理方法。根据气田水中特征污染物的特性，在化学处理法中使用较多的为氧化法，即利用溶于水中的有害物质可在化学过程中能被氧化的性质，使之转化成无毒或毒性较小的新物质，从而达到处理目的。总的说来，使用化学处理法时，需选择好化学剂，并考虑经济成本、不会造成二次污染等。

3. 物理 - 化学处理法

物理 - 化学法在污水处理过程中，不仅存在化学反应，还包括了一些物理过程。较常用的物理 - 化学处理法有混凝法、电解法、气浮选法和吸附法。

混凝法主要通过添加混凝剂来破坏污水中悬浮物或固相颗粒（类似带电胶粒）的稳定性，从而产生絮凝物并吸附水中其他污染物，然后经沉降分离出清水。混凝法包括分级混凝处理法、中和混凝处理法、酸碱处理法、二级絮凝处理法等。混凝法所使用的化学处理剂来源广泛，价格低廉，其处理费用较低，且处理步骤和操作也较简单，故在油田污水处理中应用很普遍。

电解法指在通电条件下，利用阳极的氧化和阴极的还原作用，使污水中有害物质发生氧化还原反应而变为无害或低害物质。它在处理电镀工业污水、还原脱氯、重金属回收等方面具有无须添加氧化剂和混凝剂等化学药品、所用设备体积小及其占地面积少、操作简便灵活等优点，但是该方法一直存在能耗高、成本高等缺点。

气浮选法主要用于分离比重不大的悬浮物质（如油类、纤维、活性污泥等）。该法的原理是在污水中通入大量的微细气泡，气泡上浮时将水中的微小颗粒及微粒油滴黏附而带至水面，使其能被撇油器方便除去。这种方法的缺点在于应用成本较高，其优点是处理效果较好，油类去除率可达90%，机械杂质、悬浮物的去除率超过95%。

吸附法是将具多孔介质的吸附剂粉末或颗粒与处理水混合，或让处理水通过吸附剂颗粒物所组成的滤床，从而使污水中的污染物被吸附或被过滤去除。用吸附法处理废水前，需先预处理除去水中的悬浮物及油类物质等，以免阻塞吸附剂的孔隙。这种方法因处理成本较高，吸附剂再生困难，所以不适用于处理高浓度的废水，一般用于废水常规处理后的深度处理。研究表明，吸附法与其他方法联用可以取得更好的处理效果，如臭氧－生物活性炭工艺就是将活性炭物理化学吸附、臭氧化学氧化、生物氧化降解及臭氧灭菌消毒四种技术合为一体的工艺。吸附法处理中，选好吸附剂很关键。常用的吸附剂有活性炭、黏土、磺化煤、矿渣和硅藻土等。其中，吸附剂活性炭更常用，它还可以作为流化床的载体，其吸附作用能将包括底物、营养物和氧气在内的物质浓集，将加速微生物的降解。有机废水处理中，用活性炭吸附法可除去大量难以降解的有机污染物，对废水中的COD_{cr}去除率为70% ~ 90%，因此活性炭吸附法可作为混凝沉降处理后的深度处理方法。

4. 生物处理法

生物处理法是用微生物能降解有机物的作用来处理污水中呈溶解或胶体状的有机物。生物处理法分为好氧生物处理法和厌氧生物处理法两类。

好氧生物处理法是在游离氧存在的条件下，利用好氧微生物使废水有机物降解的稳定、无害化处理方法。当废水流经填料表面时，有机物被所载生物膜吸附，同时空气中的氧也由废水表面进入生物膜，膜上的微生物在氧参与下对有机物进行分解，最终使废水得到净化。

厌氧生物处理法是在无游离氧的情况下，利用厌氧微生物对有机物进行降解的稳定处理方法。通常是在无氧条件下，利用微生物将有机物转化为甲烷及其他无机物（CO_2、NH_3等）。通过此法，可将复杂的有机物分解为简单物质，将有毒物质转化为无毒物质，使废水得到净化。厌氧生物处理法具备有机物去除率高、工艺操作简单可靠和维护费用低等优点。

目前，广泛用于污水的生物处理工艺主要有如下几种。

① A-B 活性污泥工艺。它是两段活性污泥法的发展，其特点是在各工序有不同的微生物种群，并有各自的沉淀池和污泥回流系统，运行负荷高，对进水负荷的变化有较强适应能力，其缺点是剩余污泥多。

② A-A-O 活性污泥工艺。该工艺不但能降低污水中的 BOD、COD$_{cr}$，还能有效地去除污水中的总氮和总磷，但其流程复杂，投资和运行费用比传统方法高 20% ～ 30%。

③氧化沟工艺。该工艺可在较低负荷和较长污泥龄条件下运行，可得优质出水，具有生物脱氮的功能，且污泥产量低，运行稳定，特别适合在占地面宽和污水量小的条件下使用。

④ SBR 法。20 世纪 70 年代末期到 20 世纪 80 年代，随着新型不堵塞曝气器、新型浮动式出水堰以及用于监测控制的软硬件技术的出现与发展，特别是计算机和生物量化技术的支持，该法显示了强大的优势，之后相继出现了厌氧 SBR、多级 SBR、膜法 SBR 等工艺。

⑤好氧生物流化床法。它是悬浮生长型和附着生长型的复合法，其核心是使微生物生长于反应器中流动的载体表面，可以保持高浓度的微生物量。其传质效率高，体积负荷可比传统活性污泥法高 6 ～ 10 倍。

⑥升流式厌氧污泥床反应器法（UASB）。用污水厌氧生物处理反应器，可形成颗粒状污泥，其生物固相浓度和生物活性都很高，对高浓度有机废水和城市生活污水的处理，能达到很高的负荷和处理效率。

另外，曾应用的地层渗透法也包含生物处理法，它是将经过化学处理后的废水喷洒在地面上，一方面经土壤中微生物的生化作用将废水中的有机物降解为 CO_2 和 H_2O，另一方面通过土壤的离子交换和化学吸附作用使废水中的金属离子被固定于土壤中。

（三）当前气田水回注处理存在的问题

四川气田水处理主要以回注处理为主要方式，有着处理水量大、成本低等优势，目前仍然存在一些问题，主要表现在以下几方面。

1. 工艺水平较低

虽然气田水处理的工艺水平仍然较低，但近年来已得到很大程度的改观。在西南油气田公司质量安全环保处的努力和支持下，重庆气矿、川西北气矿、蜀南气矿等气田水的产量较大的气矿都建成不少气田水处理装置，特别是重庆气矿从国外引进了一套气田水回注处理装置，为当前的气田水处理工程，不管是从工艺上还是从处理装置整体的自动控制上都提供了样板。

2. 污染物成分多

目前气田水处理的一个难点在于污水中的特征污染物难以确定，表现得最突出的是对控制指标 COD 的认识，由于该指标本身是一个综合值，并非具体指某一特征污染物，所以在当前的治理工作中并没针对 COD 源去进行深入认识、细化、量化，而是只强调客观上的控制指标。

3. 地质结构复杂

四川气田地域广泛，遍及川渝两地。所涉及的地质构造较多，在气田水方面的表现为不同气田的气田水水质各异。这也给四川气田水的规模化、标准化处理带来了巨大的困难，可以说，在四川气田除气田水处理目的和目标有统一的标准外，其处理方法、处理工艺、处理规模很难有一个统一的框架。这给管理上带来较大难度。

4. 产水量不均衡

四川气田水的产水量极不均衡，表现为天然气产能高的气矿因开采年限较短，气田水产量较小，气田水处理问题不是很突出；而老气矿因开采气田大多进入开采的中后期，气田水产量较大，且老气矿为了增加天然气产能往往采取了更多的增产措施，这就更加恶化了气田水水质。在现行体制下治理气田水加重了该类气矿的天然气开采成本，在气田水治理上产生很多困难和矛盾；即使要建设某一气田水治理项目时，也一切从"简"。这种恶性循环就更加突出了气田水所引起的环境问题。

5. 气田水处理水平及存在的问题

尽管回注工程对水质预处理有一定的要求，特别是对预处理后微粒粒径的要求更是突出，中国石油天然气福分有限公司的企业标准（Q/SY XN0058—2000）中对微粒粒径并未明确提出，但通过对实际工程中工艺控制参数的惯例统计可知，都要求处理后回注水中微粒粒径 $\Phi < 2~\mu m$。

①气田水回注的预处理效果要达到微粒粒径 $\Phi < 2~\mu m$ 这一处理标准，处理工艺方面必须通过凝聚、絮凝和过滤等水处理单元。通过对上述处理单元的功能特性分析可以得出，各过滤单元在回注水预处理工艺中对直接影响、控制气田水中微粒粒径大小起着重要的作用。

②目前过滤单元从处理程度上分，有粗过滤、精细过滤、超精细过滤等；从过滤形式上分，有压力过滤、重力过滤、超滤等；从滤料介质上分，有烟煤、石英砂、核桃壳、高分子纤维束等。

第二节　气田水处理中的混凝沉降理论与技术

本节针对四川气田水水质特征、气田水中悬浮物去除现状及存在的问题，重点对气田水处理常用的絮凝剂进行了实验研究，对絮凝反应动力学和机理进行了理论研究，得出了去除四川气田水中悬浮物的絮凝剂计量和絮凝反应器类型。

一、气田水水质情况

气田水中一般含有石油类、有机物（包含天然气生成过程中的有机物及开采过程中加入的有机物）、硫化物、各种盐类（其中以氯化物最多）等，但因所产的地层不同及后期开采注入的化学药剂不同，其水质有较大差异。

（一）气田水回注标准

回注是消除气田水污染的最佳有效手段。蜀南气矿对回注气田水的处理主要是去除其中的SS，控制其浓度和粒径。对于回注水的水质主要应考虑的问题是，①注入水应不与注入层岩石及地层水发生化学反应，否则易生成沉淀，堵塞地层；②注入水不应促进注入层中的硫酸盐还原菌的繁殖，以保证不堵塞地层；③水质指标应根据地层渗透率、岩性而变化。目前，气田水回注还没有统一的国家标准，根据这些原则，四川石油管理局提出了回注水的企业标准（Q/CY399—1997）。

1. 悬浮固体指标

回注层特征：大缝、大洞。悬浮固体含量＜1 000 mg/L，悬浮物固体粒度＜10 μm；渗透率＞0.2 μm²，悬浮固体含量＜30 mg/L，悬浮物固体粒度＜10 μm。

2. 井下管串平均腐蚀速率

回注层含硫化物的腐蚀速率＜20 mg/L；回注井深＞1 000 m，腐蚀速率＜0.125 mm/a；回注井深＜1 000 m，腐蚀速率0.25 mm/a。

（二）气田水外排标准

大部分气田水排放口均执行《污水综合排放企业标准》；部分排放口执行《污水综合排放标准》（GB 8978—1996）一级标准。

标准级别：一级，最大浓度pH值为6～9；COD为100 mg/L，石油类为10 mg/L；硫化物为1.0 mg/L，SS为70 mg/L；二级，最大浓度pH值为6～9，COD为150 mg/L，石油类为10 mg/L，硫化物为1.0 mg/L，SS为200 mg/L。

（三）气田水处理的主要工艺

1. 回注气田水处理的主要工艺

蜀南气矿回注气田水的处理，目前大部分采取简单物理沉淀后回注，这部分回注水的注入层位中多有大缝和大洞，不易被堵塞，通常不需要压力即可自流进入。但对于地层孔隙性较差的地层，需要对回注水进行深度处理，使其满足相应的水质指标才能注入。对于这类气田水，主要通过沉降、浮选、过滤（压滤）、精细过滤等工艺进行深度处理。

2. 外排气田水处理的主要工艺

对于外排气田水的处理，一般采用隔油、混凝沉降、气浮、氧化等工艺。该气田水处理流程中的单元是目前气田水处理中广泛使用的，有的气田水处理中使用了其中的少部分单元，有的则使用了较多的单元，而有的则使用了上述流程中的全部单元。

二、混凝沉降处理简介

混凝沉降处理即向废水中投加混凝剂，在适当的条件下形成絮体和水相的非均相混合。它利用重力的作用实现絮体和水相的分离，从而达到去除污染物的目的。混凝沉降处理因设备简单、操作容易（可间歇或连续操作）及花费较低等优点而被广泛应用。

（一）混凝沉降的理论概况

混凝作用是非常复杂的物理—化学过程，虽然人们已做了很多研究，但至今为止仍有许多问题尚待解决。目前一般认为，混凝是水体中微小固相或胶体杂质颗粒经凝聚—絮凝反应而形成大的絮体颗粒，最后经沉淀、过滤等工序而被除去的过程，即混凝是絮凝和凝聚两种作用的综合结果。格鲁奇曾定义凝聚作用为，微小固相或胶体颗粒的表面电荷被中和时，导致彼此间排斥力降低或消除，从而使颗粒脱稳并形成单个凝聚体的过程。凝聚作用与颗粒的性质、使用的凝聚剂和脱稳后颗粒是否能形成大的凝聚体有关。格鲁奇还把絮凝作用解释成，微小固相或胶体颗粒所形成的单个凝聚体在混凝剂的桥联作用下，生成更大体积絮凝体的过程。通过凝聚和絮凝组成的混凝作用，污水中悬浮颗粒聚集变大，到一定大小时（粒径为 0.1 mm）便从水中分离出来，这就是通常说的絮凝体或絮体。

自 20 世纪 50 年代以来，人们对混凝作用的机理进行了大量的深入研究，先后提出了许多理论，总体说来，大致经历了三个主要的发展阶段。第一阶段为 20 世纪 60 年代以前。混凝理论主要以物理理论作为基础，发展了据经典胶体化学 Gwoy Chapman 双电层模型而建立的 DLVO 凝聚理论，以及由 Smoluchowski 提出并由 Camp 和 Stein 加以实用化的絮凝速度梯度理论，这时混凝机理主要强调了压缩颗粒双电层的扩散层、降低或消除势能峰的凝聚作用以及由层流速度梯度决定颗粒间碰撞的絮凝作用，其计算公式一直作为混凝（絮凝）反应器设计的主要理论依据而延续至今。第二阶段为 20 世纪 60 年代至 20 世纪 80 年代。随着科技的进步，传统的混凝理论已不能全面解释实际出现的问题，研究混凝微观物理化学作用机理的理论得到迅速发展，这一时期相继出现了电中和吸附凝聚、吸附架桥理论及微涡旋混凝动力学理论，强调了凝聚—絮凝过程中的化学作用以及水流紊流和微涡旋对絮凝颗粒碰撞结合的贡献。第三阶段为 20 世纪 80 年代以后。高分子混凝剂及其混凝理论的研究得到了很大发展，并随着界面电位计算体系和表面络合模式的发展，人们开始把表面络合、表面沉淀的概念和定量计算方法引入混凝机理研究之中，试图建立定量计算模式。此外，人们还依据吸附电中和理论和表面络合模式，提出了"表面覆盖"絮凝模式。因此，混凝作用的理论不断向着能解决实际问题的方向发展。

（二）DLVO 理论

由德加根、兰多、弗韦和奥弗比克四人所提出的带电胶体粒子稳定理论，简称为 DLVO 理论。它是解释混凝化学原理的一种比较完善的理论。DLVO 理论用胶体颗粒间相互作用产生的吸引能和排斥能来解释胶体的稳定性和混凝沉降的产生原因。该理论的主要观点如下。

①胶粒之间既存在排斥力势能，也存在着吸引力势能。

②胶体系统的相对稳定或聚沉取决于斥力势能或引力势能的相对大小。

③斥力势能、吸引力势能以及总势能都随着粒子间距离的变化而变化，但斥力势能、吸引力势能与距离的关系存在不同，必然出现某一距离范围内吸引力势能占优势，而另一范围内斥力势能占优势的情况。

④电解质对吸引力势能影响不大，但对斥力势能的影响十分明显。

（三）双电层压缩和电中和机理

双电层压缩和电中和机理理论的要点是，胶粒或微小颗粒具有双电层结构，在其表面处反离子的浓度最大，离其表面距离越远则反离子浓度越低。向溶液加入电解质，将使反离子浓度升高，导致反离子对扩散层起压缩作用，最终使 ξ 电位变小。当 ξ 电位降到一定值时，胶粒或微小颗粒将失稳而发生聚集变大或产生絮凝体并沉降。利用该理论可说明无机类混凝剂等的作用。

（四）吸附架桥作用机理

吸附架桥作用机理可用于解释有机高分子混凝剂或混凝助剂的作用。有机高分子混凝剂具有能与胶粒或微小颗粒表面某处起作用的化学基团，这种作用是物理吸附还是化学吸附，取决于高分子和胶粒或微小颗粒的表面结构。吸附可使高分子与胶粒或微小颗粒连在一起，称为吸附架桥作用。当吸附架桥作用或高分子吸附桥联胶粒或微小颗粒到一定程度，胶粒或微小颗粒便聚集变大或产生絮凝体而沉降。

（五）沉淀物网捕机理

沉淀物网捕机理可说明金属盐类的作用。当向水体中投加金属盐（如 $Al_2(SO_4)_3$、$FeCl_3$）或金属氧化物和氢氧化物混凝剂到一定量时，将迅速产生金属氢氧化物（如 $Al(OH)_3$、$Fe(OH)_3$、$Mg(OH)_2$）或金属碳酸盐（如 $CaCO_3$）沉淀，水中的胶粒或微小颗粒或杂质在沉淀物形成时被网捕并随沉淀物的沉降而被除去。

三、絮凝剂的研究与发展

在混凝处理工艺中，混凝剂的使用特别重要，直接关系到处理后水质中悬浮物、石油类及浊度等指标能否合格。絮凝剂的开发与研究一直是水处理界的研究热点。从传统絮凝剂的机理研究到新型絮凝剂的研制与开发都在快速发展。常用

的无机絮凝剂是 Al^{3+} 盐系和 Fe^{3+} 盐系絮凝剂，有机高分子絮凝剂主要为聚丙烯酰胺及其衍生物。近年来，科研人员还进行了生物絮凝剂的研究。

（一）无机絮凝剂的研究

无机絮凝剂在水处理中的应用历史十分悠久，按其所含阳离子的种类，可分为铝盐系列和铁盐系列。铝盐絮凝剂的特点是形成的絮体大，有较好的脱色作用，但絮体松散易碎，沉降速度慢。铁盐絮凝剂的特点是形成的絮体密实，沉降速度快，但絮体较小，卷扫作用差，处理后水色度较深。

铝盐絮凝剂中 $Al_2(SO_4)_3$、$AlCl_3$ 等是传统的应用最广泛的无机絮凝剂。一般认为，在絮凝过程中投加铝盐絮凝剂后发生了金属离子水解反应和聚合反应，以其水解产物和聚合产物与水体颗粒进行电中和脱稳、压缩双电层、吸附架桥、卷扫以及沉淀物网捕等作用，生成大絮凝体加以分离去除，从而完成絮凝过程。由于水解反应极为迅速，传统铝盐絮凝剂在水解絮凝过程中并未能完全形成具有优势絮凝效果的形态。正是基于这一缺点，人们开发了众多铝盐无机高分子絮凝剂，使其在预制过程中形成具有一定水解稳定性的以优势絮凝形态为主的产物。

聚合氯化铝是一种在制备过程中经过预水解的物质，它是介于氯化铝到氢氧化铝之间的一种水溶性无机高分子聚合物。它不是某一特定的无机物质，而是一系列的准稳态物质，即二铝到十三铝的羟基络合物，其中 Al^{3+} 与 Al^{3+} 间可能出现共享羟基络合物或共享氧基配位的结构特征，通常以通式 $Al_n(OH)_mCl_{(3n-m)}$ 来表示，其中 n 代表聚合程度，m 代表其碱化程度。十三铝聚体的代表式为 $[AlO_4Al_{12}(OH)_{24}(H_2O)_{12}]^{7+}$，在很多资料中它被简称为 Al_{13}，它的周围是十二个六面体结构的（AlO_6），中心包围着一个四配位结构的（AlO_4），呈"球形簇"状的络合离子。Al_{13} 是起絮凝作用的主要活性物质。

（二）有机高分子絮凝剂在废水处理中的应用与发展

有机高分子絮凝剂历史悠久，效果明显。有机高分子絮凝剂分为天然有机高分子絮凝剂和人工合成有机高分子絮凝剂两大类。天然有机高分子絮凝剂多用于食品工业中某种原料的回收，回收后的物质可回用于生产或作为生物饲料产品，常用的有明胶、壳聚酪类、海藻酸盐及其衍生物等。它们对蛋白质有很好的亲和作用，所以常用于回收蛋白质产品。

合成高分子化合物作为絮凝剂始于 1950 年，美国应用聚丙烯酰胺作为絮凝剂使用。当时其主要在矿山工程中用以促进物质沉淀或悬浮液澄清。随着环境要求日益提高，高分子絮凝剂由于用量低、絮聚效果好而受到重视，随后各种不同种类和分子量的高分子絮凝剂相继开发问世。

1.有机高分子絮凝剂的絮凝机理

高分子絮凝剂的作用机理与悬浮物种类、表面电荷、粒径、浊度和悬浮液的

pH 值等因素有关。有机高分子絮凝剂的絮凝机理有以下三类。

①疏水性的胶体颗粒表面电荷被中和，颗粒彼此接触而絮凝。

②悬浮颗粒被高分子絮凝剂吸附、桥联而变大，形成大絮体而沉淀。

③高分子絮凝剂使水中溶解或水合的一些离子型有机化合物，如制浆废液、染料、土壤中的有机腐殖质（腐殖酸）、蛋白质等絮凝而沉淀。这是由于阳离子型高分子电解质的阳离子基团与阴离子有机化合物间在静电作用下，在水中生成难溶沉淀。

2. 常用有机高分子絮凝剂

在高分子絮凝剂中具有代表性的是聚丙烯酸胺系高分子化合物。

（1）非离子型聚丙烯酰胺

未经处理的聚丙烯酰胺处于未水解状态，为非离子型高分子聚合物。因此酰胺基以水合状态溶解于水中，此时高分子链不是伸展状态，而是呈卷曲状态。一部分酰胺基以—$CONH^{3+}$ 形式存在，虽然带有阳离子性，但并不能中和悬浮胶体颗粒的负电荷，所以其作用是通过酰胺基与颗粒表面的氢形成氢键结合而产生吸附。为了与吸附颗粒间产生桥联作用而形成坚实的絮凝体，聚丙烯酰胺的分子量应尽可能大。

（2）弱阴离子型聚丙烯酰胺

使非离子型聚丙烯酰胺部分水解或丙烯酰胺与丙烯酸钠共聚可产生弱阴离子型聚丙烯酰胺，与非离子型聚丙烯酰胺相比，弱阴离子型聚丙烯酰胺的沉淀絮凝性能更加优越，因此在工业上得到广泛应用。

聚丙烯酰胺存在一部分—$CONH^{3+}$，具有弱的阳离子性。将其用碱部分水解而导入羧基（—COOH）后，由于两种离子受静电吸引，聚合物链卷曲，凝聚能力下降。继续进行水解，羧基部分电离，由于羧基之间的排斥力，聚合物呈弱阴离子性，分子链呈较舒展状态，而使有效链增长。由于体系中的胶体颗粒大多呈负电性，所以悬浮胶体颗粒与絮凝剂分子间的结合不是靠羧基，而是与酰胺基形成氢键结合。若再进一步水解，絮凝剂分子的阴离子性增强，结果使絮凝剂与悬浮胶体颗粒间排斥力增强，凝聚力下降。

在废水处理中常用弱阴离子型聚丙烯酸胺，由于其本身与水中胶体颗粒带有同样的负电荷，所以在使用过程中需与 A^{3+} 等一些阳离子金属盐配合使用，阳离子的 Al^{3+} 与弱阴离子型聚丙烯酰胺和胶体颗粒间都可发生静电吸附作用，使弱阴离子型聚丙烯酰胺和胶体颗粒的桥联作用加强，产生的絮体更大、更结实，不易破碎。

（3）阳离子型聚丙烯酰胺

阳离子型高分子电解质在水中溶解时，具有带正电的活性基，从而吸附带负电的悬浮胶体颗粒，中和颗粒表面电荷，可消除颗粒间的斥力，产生絮凝。如果聚合物有较长的链，则一个聚合物分子链可同时吸附几个颗粒。聚合物分子链之间形成桥联作用，会导致产生大颗粒而沉淀。

（三）混凝机理

混凝效果的好坏取决于 pH 值、温度、浓度等，但主要取决于两个因素：第一，混凝剂水解后产生的压缩双电层机理、吸附电中和作用机理及高分子络合物形成吸附架桥的连接能力，这是由混凝剂的性质决定的；第二，微小颗粒碰撞概率和如何控制它们进行合理有效的碰撞。

我们把混凝过程分为三个步骤：药剂的分散及与颗粒发生作用（定义为混合作用）；此后发生的凝聚作用；进一步发生的絮凝作用。

混凝包括凝聚和絮凝过程，凝聚过程主要是通过加入的混凝剂与水中胶体颗粒迅速发生电中和 / 双电层压缩脱稳，脱稳颗粒再相互凝聚形成初级微絮凝体。絮凝过程则促使微絮凝体继续增长形成粗大而密实的沉降絮体。实际上，凝聚与絮凝两个阶段间隔是瞬间的，几乎同时发生。

絮凝过程中矾花尺度取决于吸附架桥的联结力与紊流剪切力的对比关系。紊流的剪切力主要取决于涡旋尺度与涡旋强度，涡旋尺度越小，涡旋强度越大，涡旋对矾花的剪切作用越强。在絮凝过程中，应采取适当的分级以及絮凝室容积逐级成倍增大的方式，以适应随矾花不断长大输入能量率需要相应减小和较大矾花继续结大需要较长时间的客观要求。工程师们对絮凝过程的认识基本上达到了统一，并且该过程的水力条件控制也容易达到。因此，只有胶体颗粒与充分分散的药剂充分接触，才有可能充分地形成微絮体，也才有可能充分地或高效地（短时间内）形成大絮体。也就是说，只有经过充分地混合，才有高质量的凝聚，才可能有高效的絮凝。举例来说，一个胶体颗粒如果没有与药剂接触发生（物理）化学作用，那么该胶体颗粒发生凝聚（絮凝）的可能性很小，只有在絮凝阶段有可能被网捕或差分沉降而沉降下来。这样的胶粒越多，混凝效果，乃至沉降效果越差。所以，药剂的分散及与颗粒发生作用最重要，而此后发生的凝聚作用的水力条件也是至关重要的研究内容。

（四）絮凝反应器的选择

絮凝反应器形式较多，主要有两大类：水力搅拌式和机械搅拌式。近十几年来国内外常用的絮凝反应器有隔板絮凝池，网格、栅条絮凝池，穿孔旋流絮凝池及机械絮凝池等。如果能在絮凝池中大幅度地增加紊流微涡旋的比例，就可以大幅度地增加颗粒碰撞频率，有效地改善絮凝效果。网格絮凝池指在水流通道上设置的多层小孔眼格网，其作用有以下几个方面。

①水流通过网格的区段是速度激烈变化的区段，也是惯性效应最强、颗粒碰撞率最高的区段。

②小孔眼网格之后紊流的涡旋尺度大幅度减少，微涡旋比例增强、离心惯性

效应增加，有效地增加了颗粒碰撞次数。

③限制了凝聚颗粒的不合理长大，增加了颗粒的密实度，避免了轻、细颗粒的形成。

因此，在气田水处理过程中，若采用水力式搅拌则应选择网格絮凝池。

四、气田水的深度处理

混凝沉降处理后气田水中 COD_{cr} 值还不够低，需进一步采取其他方法处理。且处理后的气田水还含大量钙、镁等离子，并有一定的腐蚀性，若用于回注，需进行防垢、防腐处理。

（一）川西气田水的氧化处理

氧化处理即利用气田水中的有害物质可在化学过程中能被氧化的性质，使之转化成无毒或毒性较小的物质，从而达到处理目的。氧化处理中氧化处理剂及其用量属重要的工艺条件。本节将通过使用氧化处理剂，氧化反应掉有机物等污染物，来使气田水中 COD_{cr} 值进一步降低。

1. 氧化处理剂简介

人们最先应用的氧化处理剂是漂白粉，已有 100 多年的历史，后来使用了与之具有相近化学性质的氯气、液氯、二氧化氯及次氯酸钠等，目前还发展了臭氧、光催化及过氧化氢等氧化剂。其中，液氯、次氯酸钠在使用时会引入氯离子，对于高含 Cl^- 的气田水来说，这并不是一个好的选择，应该慎用。另外，采用次氯酸钠还应配用氧化镍作催化剂，以提高其氧化效率，这样不仅容易造成镍的流失，还会引入新的污染物。臭氧氧化剂具有很高的氧化还原电位（E^o=-2.07 V），是一种极强的氧化剂和消毒剂，其反应快，即便在低浓度下也可进行反应，在水中不产生持久性残余物，无二次污染问题，故臭氧氧化剂比较适用于污水的深度处理，但采用臭氧处理污水，耗电量大、设备维修费用高，现场应用较少。过氧化氢是一种可行的油气田污水深度处理氧化剂，与 Fe^{2+} 试剂一起使用就构成 Fenton 试剂。研究表明，Fenton 试剂可有效处理多种废水，并且处理效果较好，也不会造成二次污染。

2. 氧化处理的实验方法

取经过混凝沉降处理后的水样（测得 pH 值为 6～7，COD_{cr} 为 250.4 mg/L）100 mL 倒于锥形瓶中，用硫酸或氢氧化钠调节 pH 值，加入一定量的 Fenton 试剂（所用 H_2O_2 浓度为 30%，H_2O_2：Fe^{2+}=1：1，均为化学纯），置于温度一定的恒温水浴锅中加热，一定时间后取出锥形瓶，再调节水样的 pH 值至 7，静置 30min，然后取上清液，分析 COD_{cr} 值，计算 COD_{cr} 去除率。

3. 结果与讨论

（1）正交实验设计

Fenton 试剂氧化处理指利用 Fe^{2+} 在酸性条件下，催化 H_2O_2 分解而产生 OH^-

自由基团来进攻水中有机污染物的化学键，以达去除有机物的目的。应用 Fenton 试剂时应先确定好 Fenton 试剂处理川西气田水的最佳操作条件。在对气田水初步研究的基础上，结合前人成果考虑影响氧化处理效果的 4 个因素，即 Fenton 试剂用量、H_2O_2 与 Fe^{2+} 配比、反应温度和反应时间。

（2）最佳条件的确定

①用 Fenton 试剂氧化处理气田水，有五个因素影响 COD_{cr} 去除率，其主次顺序为：过氧化氢＞硫酸亚铁＞ pH ＞反应温度＞反应时间。即 H_2O_2 与 Fe^{2+} 的比例是第一影响因素。因此，在进行该氧化处理时，控制 H_2O_2 与 Fe^{2+} 的比例最重要。

②各因素变化时，指标 COD_{cr} 去除率的变化规律是 H_2O_2 与 Fe^{2+} 的比例和 Fenton 试剂加量升高，COD_{cr} 去除率皆为先增加后减小；反应温度升高，COD_{cr} 去除率增加，但到 70 ℃后增加甚微；反应时间升高，COD_{cr} 去除率呈下降趋势，但 60 min 后下降很小。其中 H_2O_2 与 Fe^{2+} 的比例升高而 COD_{cr} 去除率先增后减的规律，可以解释成，H_2O_2 在低浓度范围时，其浓度增加，所产生的 ·OH 量也越多，COD_{cr} 去除率就增加；H_2O_2 在高浓度范围时，其浓度增加，因过量的 H_2O_2 不仅不分解产生更多的自由基，反而因氧化 Fe^{2+} 矿而被消耗一部分，抑制 OH· 产生，导致 COD_{cr} 去除率减小。

③按 COD_{cr} 去除率来评价，最佳条件组合是 H_2O_2 浓度为 500 mg/L，$FeSO_4$ 浓度为 30 mg/L，pH 值为 3，反映温度为 60 ℃，反应时间为 2 h。

此外，作者实验中发现 pH 值对 Fenton 试剂的作用效果也有影响，且当 pH 值为 3 时，Fenton 试剂的效果最好。这是因为 Fe^{2+} 的稳定存在受制于溶液的 pH 值，在中性和碱性环境中，Fe^{2+} 不能有效催化 H_2O_2 产生 ·OH，还会以氢氧化物的形式沉淀而失去催化能力；在 pH 值低于 3 时，溶液中 H^+ 浓度过高，将影响 Fe^{2+}—Fe^{3+} 平衡体系，从而影响 Fenton 试剂的氧化能力。

（二）川西气田水的防垢处理

油气田注水系统的结垢是一个普遍存在的问题，会给油气田的生产带来很大危害。在注水管道中形成水垢会增大水流阻力，使注水能耗增高，并且导致设备和管道局部腐蚀。如果在注水地层和生产层形成水垢，还会引起严重的地层伤害，造成油、水井过早报废。可见防垢问题是一个非常重要的问题，防垢工作对油气田的生产有着重要的意义。目前，油气田水防垢处理中，使用化学药剂防水垢即化学防垢是最为常用的方法。关于化学防垢的研究在美国始于 1930 年，在日本始于 1955 年。我国于 20 世纪 70 年代也开始应用化学防垢。根据现场资料可知，油气田现场选择防垢剂需考虑以下几个原则。

①根据垢的成分和水质条件选择。一般来讲，有机防垢剂比无机磷酸盐防垢剂的效果好。

②防垢剂应该与其他水处理剂，如缓蚀剂、杀菌剂等的配伍性好，否则会降

低药效。

③在保证防垢效果的前提下，考虑货源和价格等诸多因素。

④防垢剂必须使用方便，所需设备简单。

通过前面对川西气田水水样的分析已见，平落坝和白马庙气田水样中主要结垢离子为 Ca^{2+}、Mg^{2+} 等。为此，本研究选择了乙二胺四乙酸盐（EDTA）作防垢剂。EDTA 是化学分析中使用极为广泛的一种试剂，与 Ca^{2+}、Mg^{2+} 金属离子具有很强的络合作用，故其防垢效果将比较好。

（三）川西气田水的防腐处理

根据前面水样分析，川西气田水中含有大量的无机盐，在气田水处理和回注过程中将导致对管道及回注设备等的腐蚀。本研究拟采用缓蚀剂进行气田水的防腐处理。此防腐办法可经济有效地控制管道与设备的腐蚀。

1. 缓蚀实验方法及缓蚀剂的选择

本研究采用了原石油工业部部颁标准进行缓蚀实验。取一定量水样（混凝及氧化处理后水），通高纯氮气除氧后用失重法进行实验。所用试片材料为 N80 钢片，其尺寸为 40 mm×15 mm×3 mm，使用前用砂纸将其表面打磨成镜面并浸泡在丙酮中以待用。试验时间为 24 小时，试验温度为 30 ℃。腐蚀速率值取三个试样的平均测定结果。本研究选取几种常见的缓蚀剂（药剂浓度皆为 100 mg/L）。可知，添加缓蚀剂 IMC-30G、KW-3656、IMC-505、KY-3514、IMC-932 时水样的腐蚀性都比空白时的明显降低，说明这些缓蚀剂均有缓蚀效果。

2. 级蚀剂浓度对其级蚀性能的影响

研究此点是合理及安全使用缓蚀剂的一项重要工作。IMC 系列缓蚀剂的效果较优，为此，选择此系列的三种样品来讨论浓度与性能的关系。可见，随着缓蚀剂药剂浓度的增加，腐蚀速率皆下降，但其中 IMC-50S 的缓蚀性能更显著，其使用浓度大于 60 mg/L 时，腐蚀速率将小于 0.031 mm/a。

第三节　气田污水回灌一元化地面橇装处理理论与技术

气田采油污水一般具有悬浮物及含油量较高、腐蚀性较强、结垢性较严重等特点。本节通过了解国内外对气田污水处理方面及采出水水质特点的研究，进一步从高效絮凝剂的开发、腐蚀和结垢控制技术、水质稳定性、橇装式污水处理设备及处理流程等方面进行研究。

一、气田污水概述

（一）气田污水特点

采气污水被开采出来后，经气、液分离形成一种多相体系。其中包含的杂质有以下几种。油：主要包括浮油、分散油和乳化油，一般含量为 $50 \sim 1\,000$ mg/L，其中 90% 为分散油和浮油，10% 为乳化油。悬浮固体：颗粒直径一般为 $1 \times 10^{-3} \sim 10$ μm，主要包括泥沙、垢和石蜡等，含量为 50 mg/L 以上。溶解物质：主要包括无机盐类、溶解气等。无机盐：主要有 Fe^{2+}、Ca^{2+}、Mg^{2+}、SO_4^{2-}、Cl^- 等。溶解气：主要有 CO_2、O_2、H_2S 等。

这种组成的污水具有以下特点。

①悬浮物、含油量较高，回灌时会堵塞地层的孔喉并形成"栓塞"，导致回灌压力提高，降低回灌量甚至灌不进水，提高生产成本。

②具有较强的腐蚀性。由于污水矿化度高且含有一定量的溶解盐、溶解 CO_2、O_2、H_2S 和细菌（硫酸还原菌 SRB、腐生菌 TGB 和铁细菌），具有较强的腐蚀性，对处理设备、回灌设备、回灌管线等产生较强的腐蚀，给安全生产带来隐患。

③具有一定的结垢性。采油污水为高矿化度介质，污水中含有大量的 Ca^{2+}、Mg^{2+}、SO_4^{2-}、HCO_3^- 等离子，压力、温度等发生变化时，会形成碳酸钙、硫酸钙等，会降低回灌管线的有效直径和回灌设备的效能。因此，此类污水必须经过处理后才能回灌。

对于采气污水的处理研究，应注意以下几个方面：首先，处理后水质的稳定控制，要使其中的悬浮物、含油量等控制在一定的数值范围内；其次，腐蚀速率的有效控制，要使处理后水的腐蚀速率控制在 0.076 mm/a 的控制范围内；最后，处理后水的稳定性，即处理后的水在处理站外依然具有良好的稳定性，确保回灌设备的稳定运行。

塔里木油田所在地区属于碳酸盐岩缝洞型储层，其气田污水的特点如下：pH 值低，矿化度高，含铁高，腐蚀严重。国内外处理气田污水的主要方式是回注，处理工艺主要是混凝沉降、气浮、过滤等组合的处理流程，最终使水质达到《气田水回注方法》（SY/T 6596—2004）的要求。但该工艺仍有很多缺陷，如所加药剂品种多且量大，药剂之间相互作用会导致水质稳定性变差。因此，本项目通过优选 pH 值和药剂来确保水质达标及腐蚀结垢问题。对塔里木气田污水进行了絮凝处理，以确定回注的可行性、注入水的水质指标及污水处理工艺，实现污水处理技术、防腐技术、阻垢技术的有机统一；同时结合现场实际应用，制定出一套适合该油田污水性质特点的撬装式一体化处理工艺技术，为油田采气污水的高效、低成本处理提供理论和技术支撑。

（二）高效絮凝剂的开发研究

自然除油后污水中一般浮油全部去除，10 μm 以上的分散油也大部分去除，水中主要有乳化油及小颗粒的悬浮物。这要靠混凝方法来去除，从投加混凝剂起到水中产生大颗粒的凝聚体，即矾花为止，这一过程被称为絮凝过程，投加的药剂称为絮凝剂。

絮凝剂根据其组成、结构可分为无机絮凝剂、有机絮凝剂。有机絮凝剂主要为高分子化合物。一般将其分为阴离子型、阳离子型和非离子型。阴离子型高分子絮凝剂常用的有聚丙烯酰胺（PAM）、水解聚丙烯腈、聚甲基丙烯酸钠以及改性的木质素等。阳离子聚合物主要有聚二甲基二烯丙基氯化铵（PDM）等，非离子型高分子絮凝剂应用较少。近年来，国内外开发了复合高分子絮凝剂，如丙烯酰胺－吡咯烷酮共聚物、丙烯酰胺－丙烯酸－AMPS 共聚物等。根据其结构和组成，无机高分子絮凝剂可分为聚合型和复合型絮凝剂。聚合型絮凝剂常用的有聚合氯化铝（PAC）及聚合硫酸铁（PFS）。PAC 是目前技术较成熟、效果较稳定的一种无机高分子絮凝剂，产量已超过其他无机絮凝剂。复合型无机絮凝剂常用的有聚氯硫酸铁（PFCS）、聚合氯化铝铁（PAFC）、聚硅氯化铝（PASC）、聚合硅酸硫酸铝（PASS）等。

有机絮凝剂效果较好，但单独使用时处理成本高，为了降低处理成本，常将无机絮凝剂与有机高分子絮凝剂复配使用，从而形成多种型号的絮凝剂商品，也形成了不同的药剂使用方法，如分别加药法、一体化药剂法等。

不同的化学药剂可使胶体以不同的方式脱稳，其机理可归结为以下 4 种。

1. 压缩双电层

胶粒间存在着由电位引起的静电斥力。但与此同时，胶粒之间总是存在着引力——范德华力。当胶粒相互接近时，范德华力占优势，合力为吸引力，两个颗粒可以互相吸引，胶体失稳。当距离较远时，合力表现为斥力，颗粒之间互相排斥，胶体较稳定。

2. 电性中和

吸附电中和作用指胶粒表面对异号离子、异号胶粒或带异号电荷的链状高分子有强烈的吸附作用，由于吸附中和了部分或者全面电荷，从而使静电斥力减少，因此更容易与其他颗粒互相吸附。

3. 吸附桥联

胶体粒子对高聚物分子链上的活性链节有强烈的吸附作用，因此胶粒之间能联结、团聚成絮凝体而被除去。

4. 沉淀网捕

有些化学药剂含金属离子，投入水中后，金属离子发生水解和聚合，并以水中的胶粒为晶核形成沉淀物；或者这种沉淀物从水中析出时吸附和网捕胶粒，从而共同沉降下来。

以上 4 种混凝机理在水处理中常不是单独孤立的现象，而往往是同时存在的，只是在一定情况下以某种作用为主。影响絮凝效果的主要因素主要有水温、水的 pH 值、水的浊度、搅拌状况、絮凝药剂性质（种类、加量、加入顺序）等。

①水温。无机絮凝剂水解系吸热反应，因此低温时不利于水解反应的发生；同时水温低，水黏度增大，水流阻力增大，使絮体的形成、长大受到阻碍，从而

影响絮凝效果。

②水的 pH 值。无机絮凝剂，如铝盐或铁盐水解时，对水的 pH 值及碱度均有要求。例如，铝盐 pH 值最佳范围为 6.5 ~ 8.5，过高过低都会影响其水解过程，从而影响处理效果。

③水的浊度。如果水中浊度较低、颗粒细小，只靠絮凝剂与悬浮微粒之间相互接触，絮凝效果较差，因此，应该大量投加絮凝剂、助凝剂，以加快絮体形成的速度。

④搅拌状况。适当搅拌可促进絮凝剂在水中的分散和细小微粒的碰撞，有利于形成大絮体。

⑤絮凝药剂性质（种类、加量、加入顺序）。药剂种类及加量决定着胶体体系破坏的速度，一般不同种类的污水适应不同类型的药剂，因此要达到良好的处理效果，必须依靠实验来确定哪一种药剂合适。实验方法有静态实验法和动态实验法。絮凝药剂实验依照相应的标准进行（如石油行业标准 SY/T 5890—1993）。

（三）油田污水处理过程中的防腐研究

对于油田污水处理，除了进行化学絮凝处理外，还要进行腐蚀控制研究。

影响油田采出水腐蚀性能的因素有以下几个方面。

1. 溶解氧

当水中的氧浓度低于 1.0 mg/L 时，就会对碳钢造成严重的腐蚀。初始阶段，腐蚀速率可达 0.45 mm/a，碳钢表面形成腐蚀层后，腐蚀层阻碍氧扩散，腐蚀速率下降并保持在 0.1 mm/a。腐蚀速率随水中溶解离子含量的增大而增大，最终可达 3 ~ 5 mm/a。研究表明，碳钢在中性水中的溶解氧腐蚀主要是以下过程：碳钢失电子成为 Fe^{2+} 后，溶解氧吸收该电子产生 OH^-，最终生成 $Fe(OH)_2$ 沉淀。

2. CO_2

CO_2 溶于水后，水中 H^+ 的增多，产生氢去极化腐蚀。CO_2 对腐蚀的影响与温度、压力等因素有关。一般情况下，温度升高或 CO_2 分压增大，H^+ 均会增多，从而加剧腐蚀。

3. H_2S

H_2S 在水中电离，生成 H^+ 和 HS^-，从而引起对碳钢的腐蚀。含盐量对 H_2S 的腐蚀速率也有很大影响，且 H_2S 的腐蚀速率随含盐量增加的而增大，同时 H_2S 可能会使金属材料破裂。

4. 溶解盐类

污水中不同盐类的腐蚀速率不同。溶解盐类的腐蚀性与盐浓度密切相关，盐浓度增大，污水导电性越强，腐蚀速率越大。

5. pH 值

当水的 pH 值 < 4 时，钢表面发生两个去极化反应，即氢去极化反应和溶液

中的氧去极化反应。而水的 pH 值为 10 ~ 13 时，腐蚀速率随 pH 值上升而下降。在 pH 值为 4 ~ 10 的盐水中，腐蚀速率随 pH 值的升高而下降。而当 pH 值处于 7.0 ~ 8.5 时，腐蚀速率最小。

6. 温度

一般来说，温度升高，碳钢的腐蚀速率加快。但温度升高又会促进钝化膜的形成，从而降低腐蚀速率。所以，温度对腐蚀的影响要结合两方面考虑。

7. 流速

水流速度越快，则腐蚀速率越大。均匀腐蚀发生在层流区。湍流腐蚀发生在湍流区。空泡腐蚀发生在高速流区。

8. 细菌

油田污水中含有硫酸还原菌（SRB），一般在厌氧环境中发生如下反应。

阳极反应：$4Fe \longrightarrow 4Fe^{2+}+8e$；$8H_2O \longrightarrow 8H^{+}+8OH^{-}$

阴极反应：$8H^{+}+8e \longrightarrow 8H$（吸附于铁表面）

细菌参与反应：$SO_4^{2-}+8H+SRB \longrightarrow S^{2-}+4H_2O$；$Fe^{2+}+S^{2-} \longrightarrow FeS$

腐蚀产物：$3Fe^{2+}+6OH^{-} \longrightarrow 3Fe(OH)_2$

总反应：$4Fe+SO_4^{2-}+4H_2O \longrightarrow FeS+3Fe(OH)_2+2OH^{-}$

（四）撬装式污水处理设备研究

撬装式污水处理设备适合于污水处理量较小、污水产出地分散、不适宜建立大型污水处理站的状况，具有建设成本低、占地面积小、可根据处理对象不同随时转迁的特征。撬装式装置可有效地解决小油田及边远区块油田的含油污水处理问题。

从近几年国内所使用的污水处理设备来看，液－液水力旋流器可对稀油进行油水分离，且设备小，降低了后续处理的负荷；聚结斜板沉降罐明显缩短了污水沉降时间，降低了沉降罐的体积；多滤料过滤器增加了单罐处理水量，因此开发研制小型污水处理装置在技术上可行。撬装式处理装置处理后的水质能达到《碎屑岩油藏注水水质推荐指标及分析方法》（SY/T5329 94）标准，而且运行费用较低，因此在小油田有较好的应用前景。

大港油田公司采油二厂应用小型撬装式污水精细处理装置，目前对区块采出液进行处理后就地回注，有效地解决了边远井调水难和污水处理难的问题，实现了节约与环保一箭双雕，为边远区注水开发首开先河。近年来，国外对采油污水处理使用了一些新的设备，如水力旋流器、各种组合式油水分离器等。这些装置明显提高了含油污水的处理效果，降低了工程造价。旋流分离器能实现油、水、固三相分离。其特点是效率高、体积小、投资和操作费用较低，即可除油，又可除砂，因此应用较广泛。密闭式的浮选设备分为 4 个浮选室，经该设备处理的采油污水，下层为清水，上层为浮油，浮选气体则采用油田伴生的天然气。

利用水中溶解的烃类物质与水的沸点差异，国外开发了一种填料蒸馏塔。塔内，沸点比水低和比水高的有机物均能进入蒸汽相，可实现油水的高效分离。近年来，国外更注重开发一些多功能一体化的污水处理设备，如水力旋流器等，不但改进了设备结构，还提高了各构筑物的处理效能。

（五）含油污水处理流程

对于含油污水的处理流程，需要注意以下几个方面的问题。

1. 工艺流程选用的依据

①进入污水处理站的含油污水处理量、水温和水质。水质指标包括水中含油量及其变化范围，水中乳化油类型、油珠粒径分布，脱水过程加入的药剂种类及加量，悬浮物数量及颗粒大小，矿化度，pH，Fe^{3+}、CO_2、H_2S 含量，腐蚀速率，结垢量，细菌含量。

②处理后要求达到的水质标准。

③分离的污油、泥沙和反冲洗水能够及时回收、排放、处理。

④国内外现有油田含油污水处理技术的发展水平和我国油田的具体应用条件。

2. 工艺流程选用的原则

①技术上先进可行。

②经济合理选择。

③安全可靠，运行稳定，对水质和水量的变化适应性强。

④便于操作和管理。

3. 主要工艺选用应注意的问题

（1）加药

含油污水处理过程中加入的化学药剂主要有混凝剂、阻垢剂、缓蚀剂、杀菌剂、脱氧剂、气浮剂以及酸、碱等。在设计含油污水处理加药时，首先必须明确加药的目的性，一般应通过试验或者参考处理相似污水的已有使用经验来确定加药的品种、加药点和加药量及加药的条件。选择药剂应考虑下列因素：①经过试验，出水水质应达到相应要求的效果，加入多种药剂时应注意其相互间的配伍性；②加入的药剂不影响水质和回收油品的性质；③药剂加入量低，易溶解和加入，并应尽量选择一剂多用药剂；④货源广、价格低。

（2）除油

从广义角度讲，沉降包括沉淀和上浮两种物理过程，沉降的基本原理是利用密度差进行重力分离。沉降是含油污水处理不可缺少的关键工艺之一。

沉降（包括浮升）分为自然沉降和混凝沉降，在含油污水处理过程中，大部分油和杂质是在此被分离出来的，水中的油是以上浮形式去除的，泥沙则下沉。目前，用于沉降分离的装置主要有自然沉降罐、混凝沉降罐、斜板沉降罐、卧式压力沉降罐等。

（3）聚结

聚结主要靠润湿聚结和碰撞聚结两个物理过程使细小粒变成较大的油滴，从而加速油水分离。

聚结设备设计的关键问题是选择合适的聚结材料，常用的聚结材料有聚丙烯、工程尼龙、玻璃钢、不锈钢、无烟煤、陶粒、蛇纹石等，一般应优先选用具有亲油性的有一定空隙的颗粒或者纤维材料或者具有特殊几何尺寸的板材作为粗粒化聚结材料。

（4）气浮

气浮是指在水中形成细小的气泡，其在水中上升过程中与细小油粒接触吸附，并与气泡一起浮到水面上加以去除的过程。气浮包括三个过程：气泡产生—气泡与颗粒附着—上浮分离。实现气浮法分离有两个必要条件。

条件一：水中必须有足够数量的微细气泡。

条件二：水中目的物必须呈悬浮状态或者具有疏水性质，从而随气泡上浮。根据含油污水的性质，实际供气条件和试验结果，选择气浮方法（溶气气浮、真空气浮、多孔材料布气浮、机械碎细气浮等）。

（5）过滤

影响过滤效果的因素很多，除了进水水质外，滤料和过滤器的选择很重要，在设计过滤工艺时，应该重点考虑下列条件。

条件一：滤料的选择与级配。滤料要有一定的相对密度、机械强度和化学稳定性；有合适的粒度和级配要求。滤料支承层也与滤料有同样的要求。

条件二：滤速的确定。滤速应在设定的工作周期内，在充分发挥滤料纳污能力的前提下，不使截留物穿透滤层，确保滤后水质。

条件三：冲洗方式的选择和冲洗强度的确定。滤池反冲洗彻底是滤池工作正常、出水水质得到保证的关键。要求反冲洗配水应均匀，反冲洗强度应足够或者辅以表面冲洗。反冲洗过程的控制条件要合理。

（6）深度处理

为达到低渗层油藏的注水水质要求，必须进行水质的深度处理，即在一般的含油污水处理工艺流程的基础上，再进一步采取净化处理过程。常用的深度处理工艺有二级过滤、精细过滤和活性炭吸附等。

二级过滤就是在一般的含油污水处理过滤之后，再加一级或两级过滤。其滤速大小应通过试验选定。

精细过滤在许多低渗油田已被开始采用，目前常用的精滤器主要是从国外引进的折叠式滤芯过滤器（滤芯为一次性，更换较频繁），国产化含油污水精细过滤折叠滤芯也已开发成功，另有 PE、PEC 型烧结滤芯过滤器也可用于污水深度净化，选择精滤器时，应重点考虑的问题有以下几方面。

①精滤器滤芯黏附油品后的滤芯再生。

②悬浮物的过滤效率和过滤精度。

③滤速或负荷的选择及精滤器的压力损失、承受污物的能力。

④基建投资和维护管理方面的比较。

（7）辅助工艺选用应注意的问题

各种隔氧措施的特点及应用条件如下。

1）天然气密封隔氧

采用天然气作为密封介质，密闭隔氧效果好，但流程比较复杂，需要的仪表多，造价高。北方由于冻结，调压失灵，会使容器、装置发生爆炸，很不安全。必须有足够的气源，若气源不足，需设置低压气柜。基建投资较高，排出的天然气还会污染大气。

2）氮气密封隔氧

用氮气隔氧效果好，操作也安全，但需要有制氮或储氮的装置，维护运行费用较高，管理体制也较复杂，凡是天然气源或隔氧要求和安全要求高时可采用氮气密封。

3）浮床式或隔膜式密闭隔氧

无论浮床式密闭隔氧，还是隔膜式密闭隔氧，都需在被密闭容器内设置必要的支撑，以保护隔氧装置。浮床式和隔膜式密闭适用于内构件较少的缓冲罐、储水罐，选择何种密封工艺，主要从隔氧效果、生产安全、基建投资、维护管理和水质要求以及当地具体条件来衡量，经过比较后确定。

污油回收工艺：从除油罐、沉降罐等分离出的油品称为污油，必须对其回收利用，以节约资源、保护环境。设计收油系统时应合理地确定油罐的保温，消防、油管的扫线措施。

污水回收工艺：滤罐反冲洗排水、收油罐下部放出的污水和其他可能进入站内的污水，用回收水池（罐）加以回收，再用回收水泵将其抽送到沉降罐，进行沉降处理，使站内污水不外排。

二、英买力气田污水处理技术

英买力气体处理厂污水处理装置目前的处理量为 $300 \sim 350 \, m^3$。

接收水罐内有污油回收装置。接收水罐与原油生产油水分离后的污水缓冲罐的作用相同：一方面能够满足生产过程间歇防水的特征，为出水提供储存地点；另一方面能够对在一定时间（2 天）内的水质起均质作用，还能够为水处理系统提供稳定的水量。

压力除油罐现场有两具，并联使用，储油罐内设有斜板，斜板之间用钢绳固定，倾角为 60°，设计处理量为 $30 \, m^3/h$。该罐实际应用过程中，容器内的水量为

23.25 m³，现场有两具压力除油罐，因此装水的总体积为 45 ～ 50 m³。

（一）接收水罐

按照水处理设计的一般规律，接收水罐的出水一般含油量控制在 80 mg/L 以下，悬浮物含量控制在 50 mg/L 以下。依据对全国十个油田自然除油罐运行状况的调查，其粒径中值为 40 μm。以此为依据，计算颗粒沉降 3 m 所需要的时间为 14.7 h（依据层流状态下的 Stocks 公式）。因此其有效体积为 220 m³，考虑装填系数为 0.75，则该罐的实际体积为 294 m³，圆整到 300 m³。同时对实际运行的接收水罐的监测结果表明，其出水浊度为 60 以下，因此接收水罐的运行是稳定的。同时，现场有两具 30 m³ 接收水罐，因此可确保产出水量增高到 600 m³/d 时依然能够满足要求。

（二）压力除油器

按照水处理过程加药、反应、絮体生长、沉降的一般规律，该装置出水的含油量、悬浮物含量一般要保持在 20 mg/L 以下，这样可确保过滤罐的负荷减小，确保出水水质，减少反冲洗的频率和用水量。

依据对全国十个油田沉降系统运行状况的调查，其粒径中值为 100 μm。以此为依据，计算颗粒沉降 3 m 时所需要的时间为 6.8 h（依据层流状态下的 Stocks 公式），因此其有效体积为 63 m³。考虑装填系数为 0.75，则该罐的实际体积为 84 m³，圆整到 100 m³。同时对实际运行的该装置的监测结果表明，其出水浊度为 50 ～ 70，因此该装置的运行是不稳定的，没有达到预先设计的指标。同时，现场有两台 30 m³ 压力除油器，其总有效体积为 45 ～ 50 m³，因此不能满足出水水质要求。要确保出水水质，需要将其更换为 100 m³ 的沉降罐（两台），这样也可保证产出水量增高到 600 m³/d 时依然能够满足要求。

（三）双滤料过滤器

从监测数据看，双滤料过滤器出水水质达不到设计要求。这主要是由于在现场压力除油器没有发挥应有的作用，加之在流程中没有加入破坏胶体体系的相关药剂，体系中的微小粒子没有发生凝聚，因此仅靠过滤难以完全达到出水水质指标。

另外，从现场工艺看，处理流程中没有药剂与水反应的场所，也没有絮体生长的场所，加之水在沉降系统中的停留时间不够，水的腐蚀性强而导致水系统的设备，如泵等发生腐蚀。水处理系统中由于没有充分考虑除铁过程，因此污水经过处理系统后，其中铁离子被氧化而发生价态的转变，出水颜色变黄。因此需要对处理工艺进行优化。

第三章　钢铁工业水处理理论与技术

工业生产过程中会产生各种工业废水，虽然企业在各工序生产过程中建立了废水回用或污水达标排放处理设施，但为满足生产要求，降低浓缩倍数，回用循环水处理过程中必须定期排污，这些未经处理的回用循环过程中的排污水和少量工序事故水、经处理后达标排放污水与少部分生活污水、雨排水等汇合到一起，形成的混合废水，我们称之为钢铁工业综合废水。钢铁工业循环用水量占总用水量 95% 以上，其综合废水主要来源于浊循环水系统的排污水（敞开式净循环水系统的排污水一般作为浊循环水系统的补充水）和冷轧、硅钢等经单独处理后达标排放的特种工业废水以及少部分生活污水、雨排水等。其中，冷轧含油 / 乳化液、平整液废水和热轧含油循环废水是两种重要而难处理的工业污水，也是造成综合废水处理难度大和影响回用的主要原因。目前，关于大流量综合废水有效处理方法的报道甚少，主要因为处理后的综合废水由于电导率偏高等因素影响了回用范围；综合废水处理产生的综合污泥必须用汽车送去填埋，既增加运输和处置费用，又会造成二次环境污染，其有效利用研究目前尚无报道；而热轧和冷轧含油废水常规处理方法存在运行费用高、药剂消耗量大、出水不稳定等缺点，特别是前者用传统的石英砂、无烟煤深度除油除浊，易出现跑料、板结、寿命短等现象。

第一节　钢铁工业废水综合处理概述

一、钢铁工业废水概述

钢铁企业的环境保护和"三废"综合利用问题，是当今钢铁企业和社会都十分关心的热点，提高钢铁工业的"三废"综合利用水平和开发非传统水资源，实现可持续发展，已成为目前政府和企业的工作重点。钢铁工业生产过程中会产生各种工业废水，企业在各工序生产过程中建立了废水回用或污水达标排放处理设施，但为满足生产水质要求，降低浓缩倍数，回用循环水处理过程中必须定期排污，这些未经处理的回用循环过程中的排污水和少量工序事故水、经处理后达标排放污水与少部分生活污水、雨排水等汇流到一起，形成的混合废水被称为钢铁工业综合废水（以下简称"综合废水"）。综合废水经集中处理后的出水称为钢铁工业综合废水再生水（以下简称"工业再生水"）。综合废水集中处理过程中产生的污泥称为钢铁工业综合污泥（以下简称"综合污泥"）。综合废水和综合污泥是制约我国钢铁工业可持续发展的瓶颈，如何选择综合废水处理工艺、资源化利用综合废水和综合污泥以及如何有效预处理综合废水的难降解来源组分，从而减轻其对环境的危害并实现非传统资源的合理利用，是一个长期而艰巨的任务。

（一）钢铁工业用水

按用途进行分类钢铁工业用水可分为设备冷却、产品冷却、锅炉制蒸汽、煤气洗涤、深度脱盐净化制水、直流冲渣和冲洗地坪、生活等用水；按用水水质可分为工业再生水、敞开式浊循环水、敞开式净循环水、工业新水（净化水）、过滤水、生活水、密闭式软化水循环水、软化水、密闭式纯水循环水、纯水等。其中，工业再生水主要用于浊循环水系统补充水、煤气水封补水、绿化、冲洗地坪、场地洒水、冲渣等；敞开式浊循环水常用于焦化、炼铁、炼钢、连铸、热轧等工序的煤气洗涤、冲渣、火焰切割、水喷雾冷却、淬火冷却、除尘等；敞开式净循环水常用作焦化、烧结、炼铁、炼钢、连铸、热轧、冷轧、制氧等工序设备的间接冷却及板式换热器等冷却设施的二次冷却用水；工业新水（净化水）主要作为补充水用于敞开式循环水系统和深度脱盐净化制水以及过滤水制备用水；过滤水主要用于冷轧工序配制乳化液、酸液、碱液等用水；生活水主要用作厂区饮用、食堂、洗澡等用水；密闭式软化水或纯水循环水常用于炼铁、炼钢、连铸、加热炉等工序，如炉体、氧枪、结晶器、加热炉梁体等关键设备的间接冷却；软化水、纯水主要用于密闭式软化水或纯水循环系统的补充水以及锅炉、蓄热体等；在循环水系统中，净循环排污水常用作浊循环补充水。

（二）钢铁工业综合废水的产生及特点

1. 钢铁工业综合废水的产生与组成

钢铁工业循环用水量占总用水量的比例一般在95%以上，其综合废水主要来源于敞开式浊循环水系统和部分敞开式净循环水系统的排污水（有的敞开式净循环水系统的排污水作为补充水直接排入浊循环水系统）和轧钢、焦化等经单独处理后达标排放的特种工业废水以及少部分生活污水、雨排水等。钢铁工业综合废水所含污染物质主要是SS、有机物与无机物等杂质、油等，另外其电导率较高，是钢铁工业综合废水的重要特点，也是影响其回用的主要原因。

2. 钢铁工业综合废水的污染物及水质、水量特点

水质、水量波动变化大是钢铁工业综合废水的一大特点，钢铁工业各工序排污水量和水质随生产周期、季节的变化而变化。一般在生产高峰和夏季，循环水系统用水量、蒸发量增大，导致系统的排污水量增加，使后续综合废水处理的难度加大。由于各排水点排放污废水时间不尽相同，水质变化也很大。钢铁工业综合废水主要含有浊度、COD、硬度与碱度、油类、盐类等污染物质。

二、钢铁工业综合废水的处理方法

BOD_5 和 COD_{cr} 是污水生物处理过程中常用的两个水质指标，用 BOD_5/COD_{cr} 值评价污水的可生化性是一种被广泛采用的最为简易的方法。一般情况下，BOD_5/COD_{cr} 值越大，污水可生化性越好，综合国内外的研究成果，一般认为 BOD_5/COD_{cr} 值小于 0.2 时，不宜采用生物降解的方法来处理。钢铁工业综合废水的实测原水水质 BOD_5/COD_{cr} 的比值一般为 0.15 左右，表明该废水的可生物降解性差，因此生物法在处理该废水难度比较大，宜采用物理化学方法来处理，即混凝、沉淀加过滤来处理废水。通过混凝、沉淀、过滤等物化法，悬浮固体去除率已达到98%，胶体及部分溶解性物质含量降低，从而使 COD、BOD_5、铁、油类等指标得以降低。总硬度可以通过投加石灰降低水中的暂时硬度从而得到降低。大肠杆菌等可以通过投加消毒级或设置措施得到降低。为调节水质的波动，进水构筑物前应设置调节池。混凝、沉淀加过滤工艺的关键是混凝，因此钢铁工业综合废水的物化处理方法也可简称为混凝法。

（一）钢铁工业综合废水混凝法处理的原理与工艺过程

1. 混凝原理与过程

各种废水都是以水为分散介质的分散体系。粒度在 100 μm 以上的悬浮液可采用沉淀或过滤处理；粒度为 0.1 ～ 1 nm 的真溶液可以采用吸附处理；1 nm ～ 100 μm 的部分悬浮液和胶体可采用混凝处理，其中 1 ～ 100μm 较粗的微粒可单用高分子絮凝剂处理，而 1 nm ～ 1 μm 的较细微粒则必须在用高分子絮凝剂的同时加无机混凝剂共同处理。

混凝包括凝聚和絮凝两种过程，按机理分类，混凝可分为压缩双电层、吸附电中和、吸附架桥和沉淀物网捕四种。

①压缩双电层机理。该机理亦叫 DLVO 理论。该理论认为，两微粒间存在着有效距离很短的短程力——范德华力，同时由于带有相同的电荷间存在着一定的斥力，在稳定溶胶中斥力总是大于引力的。因此，每当布朗运动使二者接近到一定距离后就不再接近了，仍然保持分散状态。当加入适量的与微粒带有相反电荷的电解质后，压缩了双电层，范德华引力起了作用而使微粒凝聚。这一理论简称 DLVO 理论。

②吸附电中和机理。斯通和摩根在 1970 年将 DLVO 理论归纳为电中和作用，即通过加入电解质压缩扩散层而导致微粒相互聚集的作用。胶粒表面对异号离子、异号胶粒、链状离子或分子带异号电荷的部位有强烈的吸附作用。因为这种吸附作用中和了电位离子所带电荷，减少了静电斥力，降低了电位，所以胶体的脱稳和凝聚易于发生。此时的静电引力常是起这些作用的主要方面。

③吸附架桥作用。吸附架桥作用主要是指链状高分子聚合物在静电引力、范德华力、氢键力等作用下，通过活性部位与胶粒和细微悬浮物等发生吸附桥联的过程。20 世纪 60 年代初高分子聚合物得到迅速发展，大部分高分子聚合物具有链状分子结构，并沿链状分子分布有很多活性集团，如—COOH、—NH$_2$ 等。分子间的氢键、配位键和静电引力等物理化学作用以及溶胶表面的巨大自由能，能使溶胶微粒对高分子聚合物具有强烈的吸附作用。如果链状分子的长度足有超过两微粒之间的有效斥力距离（一般认为 200 nm 左右），则微粒间便可发生聚集，即聚合物分子的一端被吸附于某一微粒上，而另一端被另一微粒所吸附。这样，高分子物质在各微粒之间便形成了桥联作用，使微粒逐渐聚集成粗大的絮体。溶胶毛电位降低对絮凝过程不是决定性的因素，重要的是高分子聚合物要有足够的长度，并沿链状分子具有足够的活性集团，能在溶胶微粒间发生强烈的桥联作用。如果高分子聚合物过量，微粒被其所包围因而出现再稳。

④沉淀物网捕作用。三价铝盐或铁盐等水解会生成沉淀物。这些沉淀物在自身沉降过程中，能集卷、网捕水中的胶体等微粒，使胶体黏结。

以上混凝原理主要用于如溶胶、悬浊液等热力学不稳定体系（不可逆），在水处理中往往可能是同时或较早发挥作用，只是在一定情况下以某种机理为主而已。

混合阶段的要求是使药剂迅速、均匀地扩散到全部水中以创造良好的水解条件和聚合条件，使胶体脱稳并借颗粒的布朗运动和紊动水流进行凝聚，在此阶段并不要求形成大的絮凝体。凝聚是使混凝剂的微粒通过絮凝形成大的具有良好沉淀性能的絮凝体。实际上混凝过程没有严格的区分，混合和凝聚几乎是在同一时刻发生的。混凝反应的速度主要取决于混凝剂向水体扩散的速度、金属离子的水解速度及混凝剂和水中胶体悬浮杂质的电中和速度。

2. 混凝效果的影响因素

混凝是以形成絮体为中心的单元净化过程，效果的好坏取决于处理对象的性质、混凝剂的性质和水力条件的影响。

①水温的高低对混凝作用有一定的影响。水温升高时，黏度降低，布朗运动加快，碰撞机会增多，因而增加了混凝效果，缩短了混凝沉降时间。然而，过高的温度（超过 90 ℃）易使高分子絮凝剂老化生成不溶物质，反而降低了絮凝效果。

② pH 值也是影响混凝的重要因素。对于采用某种混凝剂的任一污水的混凝，都有一个相对的最佳 pH 值存在，而使混凝反应速度最快，絮体的溶解度最小，混

凝作用最大。因此，在投加混凝剂之前，必须在实验室中找到一个最佳 pH 值。

③胶体溶液浓度。胶体溶液浓度过高或过低都不利于混凝。在使用无机金属盐作混凝剂时，胶体的浓度不同，所需脱稳的 Fe（Ⅲ）或 Al（Ⅲ）的用量亦不同，其间存在着不甚严密的"化学计量"关系。当混凝剂的用量很低时，不足以达到解稳的状态；混凝剂继续增加，胶体快速解稳和凝聚；当混凝剂增加过量时，胶体表面覆盖率过高或引起电荷变号，出现再稳状态；混凝剂再进一步增加，远远超过金属氢氧化物饱和状态，从而析出大量金属氢氧化物凝絮，吸附和卷带水中杂质，形成共沉的状态。

④微小颗粒碰撞概率。如何控制它们进行合理有效地碰撞，是由构筑物的流体力学结构而决定的。

⑤混凝剂水解后产生的压缩双电层、吸附电中和作用及高分子络合物形成吸附架桥的连接能力。这是由混凝剂的性质决定的。

以上①～③三个因素皆取决于处理对象的性质。

在混凝反应的各个不同阶段，给予胶体以恰如其分的紊动和相应的时间，使之得到充分碰撞和吸附架桥的机会，能提高去除效果。因此，控制水力条件对混凝效果有着重要影响。在混合阶段，要求药剂迅速而均匀地扩散到水中，为此，被处理水应当作短时间（一般为 20～30 S，最多不超过 2 min）的激烈紊动。到了反应阶段，则要求水的紊动强度逐渐减弱，停留时间则延长为 15～30 min，以创造足够的碰撞机会和良好的吸附条件，使微小的初级絮体继续成长。如果搅动过猛，则易使已形成的絮体破碎；如果搅动不够，则微粒得不到足够的碰撞机会和吸附条件。同时，混凝剂种类、投加量和投加顺序都会对混凝效果产生影响。

3. $Ca(OH)_2$ 的软化、除铁、去 SS 和降浊机理

（1）$Ca(OH)_2$ 的软化

$Ca(OH)_2$ 降低硬度的机理是 $Ca(OH)_2$ 与水中碳酸化合物反应，生成 $CaCO_3$ 和 $Mg(OH)_2$ 等难溶物质，然后重力自然沉淀去除，从而是水中的 Ca^{2+} 和 Mg^{2+} 减少，达到降低硬度的目的。其反应式为：

$$CO_2 + Ca(OH)_2 \longrightarrow CaCO_3 \downarrow + H_2O \qquad (3\text{-}1)$$

$$Ca(HCO_3)_2 + Ca(OH)_2 \longrightarrow 2CaCO_3 \downarrow + 2H_2O \qquad (3\text{-}2)$$

$$Mg(HCO_3)_2 + Ca(OH)_2 \longrightarrow CaCO_3 \downarrow + MgCO_3 + 2H_2O \qquad (3\text{-}3)$$

$$MgCO_3 + Ca(OH)_2 \longrightarrow CaCO_3 \downarrow + Mg(OH)_2 \downarrow \qquad (3\text{-}4)$$

当 pH ≤ 9.5 时，进行式（3-1）、式（3-2）、式（3-3）反应步骤，钙硬度被去除；当水中 pH 值为 10.5～11 时，式（3-1）～式（3-4）反应都会发生，钙硬度和镁硬度都会被去除。

$Ca(OH)_2$ 去除碱度的机理也是石灰的 OH^- 与碳酸氢盐的 HCO_3^- 向生成 H_2O 和 CO_3^{2-} 方向转移的结果，并和水中的 Ca^{2+} 和 Mg^{2+} 结合成 $CaCO_3$ 和 $Mg(OH)_2$ 的

形式沉淀，从而使水中由 OH^-、HCO_3^- 和 CO_3^{2-} 构成的总碱度降低，但软化处理后的水中剩余碱度经常包括两个部分：水中 $CaCO_3$ 溶解度的量以及石灰过剩量。

（2）除铁

废水中的 Fe^{2+} 首先通过反应被氧化生成 $Fe(OH)_3$，而 $Fe(OH)_3$ 胶体是带正电荷的微小粒子在水中做不规则的布朗运动，彼此互相排斥，不能相互凝聚成大颗粒絮体而沉淀或被滤除。而高分子混凝剂和有机絮凝剂有着较强的吸附架桥作用，能将带正电的 $Fe(OH)_3$ 胶粒吸附而形成大颗粒的絮体，以利于去除。

（3）去 SS 和降浊

微小悬浮物和胶体杂质使污水具有一定的浊度。大颗粒的悬浮物可自然沉降去除，但微小粒径的悬浮物和胶体，能在水中长期保持分散悬浮状态，不会静置自然沉降。投加的混凝剂的正电荷中和了胶体的负电荷，消除了 ξ 电位，降低了微粒间的排斥力，细小微粒彼此接触聚结，使其密度和重量增大，从而加快了这些细小微粒的解稳和快速凝聚沉淀去除。再者，在 $Ca(OH)_2$ 混凝工艺中，生成的沉淀物主要是 $CaCO_3$ 和 $Fe(OH)_3$，而其过程中 $CaCO_3$、$Fe(OH)_3$ 微晶体有巨大的表面能，有着优良的吸附性能，能降低絮凝剂和微粒间的斥力，对水中的细小微粒产生吸附作用，从而有效地去除水中悬浮物并降低浊度。

（二）钢铁工业综合废水处理的设备与设施

首先具体地分析钢铁工业废水处理中的混凝沉淀原理，进而阐述其废水处理的设备与设施。

1. 混凝沉淀

（1）混凝

为了促进混合，混合池中宜装设机械进行快速搅拌。也可以考虑在曲径槽或巴氏计量槽中混合，使水中的胶体脱稳，提高凝聚效果。目前在大中型水厂中主要以机械混合、管式混合为主。

管式静态混合器因其安装容易、不需维修，在国内水厂中被广泛使用。其主要缺点是混合效果随管道内流量的变化而变化，随水流速度的减小而降低。由于要保持管内一定的水流速度，因此水头损失较大，一级静态混合器水头损失一般为 0.8 m 左右，三级静态混合器水头损失高达 1.5 m。

机械混合指利用机械搅拌器的快速旋转，使混凝剂迅速、有效、均匀地扩散于整个水池之中，它的混合效果良好。其最大的优点是混合效果不受水量变化的影响，在进水流量变化过程中都能获得良好的混合效果。缺点是设备投资增加，机械维护工作量较大。搅拌器发生故障时，若不能及时修复，混合效果将很差。工程规模较大的污水处理厂，宜采用机械混合方式或巴氏计量槽与机械混合前后分级联合作用方式为佳。

（2）絮凝

水中的胶体颗粒脱稳后，在絮凝设施中形成粗大密实且沉降性能良好的絮体颗粒。絮凝剂起到吸附架桥的作用。为使微絮体良好成长，絮凝设施应有良好的水力条件，操作运行合理与否直接影响最终的出水水质。絮凝通常在絮凝池（反应池）内完成。在池中以机械或其他方式增加污水中颗粒的碰撞机会，使之附聚成为可沉的或可过滤的固体。高效絮凝池一般有 4 种形式：折板絮凝池；在隔板间沿水流方向增加产生紊动的装置，如波纹板絮凝池；在隔板间的垂直水流方向上增加产生紊动的装置，如网格絮凝池；以及综合前三种形式的优点而新出现的高效絮凝池。絮凝池设计中的一个重要参数是速度梯度 G，其因次为 s^{-1}。污水处理中所用的 G 值为 $10 \sim 2001 s^{-1}$，GT 值（T 为絮凝池的停留时间）为 $10\ 000 \sim 100\ 000$。T 值一般为 $10 \sim 30$ min，对于石灰，只需 5 min。

絮凝是一种物理机械过程。在这个过程中，物理搅拌和分子间力使絮凝体增大以利于沉淀。投加阴离子高分子聚合物作为助凝剂而起到吸附架桥作用以强化絮凝效果。大型水处理工程应该利用加速絮凝的原理，设计采用高效絮凝池，它主要有以下几个部分构成：特别设计的导流筒可以得到良好的絮凝效果；一个环形的穿孔管安装在导流筒的上方以利于助凝剂的分配（孔口向内）；两套反旋流板安装在导流筒以及池壁之间，位于池体的上方（和水流方向垂直）；一个十字板位于导流筒的下方（和混凝池的形式一样）。

（3）沉淀

目前沉淀池国内应用较多的主要有平流式沉淀池、竖流式沉淀池、辐流式沉淀池和斜管沉淀池以及最近从国外引进的高密度沉淀池。沉淀池的池型选择与原水水质和处理规模密切相关。

①平流沉淀池。平流沉淀池是全国大中型水厂最为推崇的池型。其优点是构造简单、处理效果好、药耗低、对水量和水质变化的适应性好、运行管理方便。其缺点是占地面积较大、配水不均匀、排泥操作或维护不便。

②竖流式。其适应于处理水量不大的小型污水处理厂。优点是排泥方便、管理简单、占地面积小。缺点是池子深度大、施工困难、对冲击负荷和温度变化的适应能力较差、造价较高。而且，池子不宜过大，否则布水不均匀。

③辐流式。其适应于大中型污水处理厂。优点：多为机械排泥，运行较好，管理较简单，排泥设备已趋定型。缺点：池内水速不稳定，沉淀效果差，机械排泥设备复杂，对施工质量要求高。

④斜管沉淀池。斜管沉淀池的主要优点是沉淀效率高，占地面积小，对原水水质变化有一定的适应性。主要不足是斜管耗用材料较多、易老化、需定时更换，维护费用较高。

⑤高效沉淀池。高效沉淀池由三个主要部分组成：反应池、预沉－浓缩池

以及斜管分离池，它是集絮凝、预沉、污泥浓缩、污泥回流、斜管分离于一体的高效沉淀池。它具备斜管沉淀池、机械搅拌澄清池的优点，即表面负荷高，效率高，节约用地，药剂投加量少，初期投资成本和运行成本较低。

2. 过滤设备与设施

水处理中的过滤一般是指通过过滤介质的表面或滤层截留水体中悬浮固体和其他杂质的过程。对于大多数地面水处理来说，过滤是消毒工艺前的关键性处理手段，对保证出水水质具有重要的作用。

在常规水处理过程中，过滤一般是指以石英砂等粒状滤料层截留水中悬浮杂质，从而使水澄清的工艺过程。最近，一种新型的表面改性陶瓷滤料已被研制成功，在除油、除浊方面取得了很好效果，但要大规模地推广应用，尚需进一步地实践检验与完善。

根据过滤机制，滤池有多种形式，其中普快滤池使用历史最久。为了充分发挥滤料截留杂质的能力，冲洗更干净，节省冲洗水量，普快滤池逐渐被新出现的气水反冲的单、双层滤料滤池所取代。大中型水厂采用最多的是能确保出水水质的气水反冲洗滤池——V型滤池。最近另一种新型滤池——ATE翻板滤池被引入国内，它是瑞士苏尔寿公司下属的技术工程部（现称"瑞士CTE公司"）的研究成果。目前国外已有多家水厂采用此型滤池，主要分布在欧洲各国。我国仅昆明自来水总公司建有一座翻板滤池。

（三）钢铁工业综合废水处理的主要药剂及方式

1. 混凝剂的选择

混凝剂种类繁多，按其化学成分可分为无机与有机两大类，其中有机类常被称为絮凝剂。它既可以降低原水中的浊度和色度等感官指标，又可以去除多种污染物质。

（1）无机高分子混凝剂

国内外研制和使用较多的混凝剂是聚合硫酸铁（PFS）和聚合氯化铝（PAC），与低分子混凝剂相比，其絮体形成速度快，颗粒密度大，沉降速度快。铝盐和铁盐混凝剂投入水中后，在不同pH值下以不同的水解产物发挥作用。溶液中的反应过程非常复杂。以PFS为例，液体PFS产品本身含有多种核羟基络合物，如$[Fe_2(OH)_3]^{3+}$、$[Fe_2(OH)_4]^{3+}$、$[Fe_3(OH)_5]^{4+}$、$[Fe_4(OH)_6]^{6+}$等络离子，在溶液中随pH值升高，其水解—络合—沉降主要反应如下。

$$[Fe(H_2O)_6]^{3+}+H_2O \longrightarrow [Fe(H_2O)_5(OH)]^{2+}+H_3O^+(H^++H_2O) \tag{3-5}$$

$$[Fe(H_2O)_5(OH)]^{2+}+H_2O \longrightarrow [Fe(H_2O)_4(OH)_2]^{2+}+H_3O^+ \tag{3-6}$$

$$2[Fe(H_2O)_5(OH)]^{2+} \longrightarrow [Fe(H_2O)_8(OH)]^{4+}+2H_2O \tag{3-7}$$

从以上诸反应看出，在发生羟基桥联反应生成多核聚物的同时，多核络合物继续水解，胶质氢氧化物聚合体逐渐变成疏水性物质，最后沉淀。

（2）有机高分子絮凝剂

有机高分子絮凝剂分为阳离子型、阴离子型、非离子型，皆为人工合成制品，溶于水后将分成巨大数量的线型分子，形成胶体－聚合物－胶体络合物，其使用条件是，不宜搅拌时间太长，否则会使断裂键段再回到同一胶体表面而再稳。

再者，必须投入适量聚合物而使胶体表面饱和，否则也会造成胶体再稳。高分子絮凝剂除了发挥连接架桥作用外，对异电胶体还可同时发挥电中和作用。它可与铁盐或铝盐并用，在同样的效果下可降低铝盐或铁盐的用量，从而减少污泥体积。因此可根据污水性质选择高分子絮凝剂的类型。

人工合成的聚丙烯酰胺是当前使用较多的有机高分子絮凝剂。对于钢铁工业综合废水处理的混凝剂可考虑采用碱式氯化铝或聚铁，对于絮凝剂可考虑采用丙烯酰胺。

2. 消毒剂及消毒方式

消毒是指杀灭水中的病原菌、病毒和其他致病性微生物。化学性质稳定、有一定的持续作用、对人的毒副作用小、能有效控制生物膜、无二次污染的消毒剂或消毒措施是水处理工作者的理想选择。

（1）次氯酸钠、氯气消毒

次氯酸钠和液氯都是含氯的消毒剂，在水中产生有灭菌活性的次氯酸，可杀灭所有类型的微生物，使用方便，价格低廉，但是易受有机物及酸碱度的影响。纯次氯酸钠有效氯含量为95.3%，液氯的有效氯含量为100%。

次氯酸钠杀菌广谱、作用快、效果好，而且生产工艺简单，价格低廉，有效氯含量通常在10%左右，并且不存在液氯高毒、二氧化氯易爆炸等安全隐患。唯一不足的是次氯酸钠极不稳定，有效氯含量随着存放时间的延长而降低。

液氯（氯气）是极活泼的氧化剂，性质极不稳定，因此毒性强。

目前，我国绝大部分城市给水消毒使用的就是液氯。在没有有机物存在时，含氯消毒剂对水杀菌的消毒要求：有效氯浓度为 $0.3 \sim 1.0$ mg/kg，时间 $3 \sim 5$ min。

（2）二氧化氯消毒

二氧化氯是一种具有强烈刺激性而又不稳定的气体，当空气中二氧化氯含量超过10%时，会自发爆炸。二氧化氯氧化能力是氯气的2.63倍，其中的氯的氧化能力是液氯中氯的5倍，纯的二氧化氯有效氯含量为26.3%。有机物对其消毒能力有明显影响。生产中所用的形式有二氧化氯消毒液（二氧化氯的有效含量为2%）、二氧化氯发生器现场制取。二氧化氯发生器的生产原理如下。

$$NaClO_3 + 2HCl \longrightarrow ClO_2 + \frac{1}{2}Cl_2 + NaCl + H_2O \qquad (3-8)$$

工业生产二氧化氯也主要是用化学法，与以上原理基本相同。

由于二氧化氯消毒杀菌能力强，且不和水中的有机物产生致病、致突变、致畸物质，因此，在饮用水消毒领域，二氧化氯大有替代液氯的趋势。

（3）臭氧消毒

臭氧是一种强氧化剂，具有广谱、高效杀菌的作用，且杀菌速度极快。臭氧极不稳定，可自分解为氧气。在水中溶解度为 0.68 g/L，在水中的半衰期约为 21 min。目前主要采用无声放电法制取臭氧。臭氧消毒效果很出色，并且对难降解有机物有很强的氧化效果，不产生有害物质，因此很适合于污水的消毒。但是，由于生产臭氧的效率不高，臭氧杀菌的成本仍然较高，限制了其使用。

（4）紫外线消毒

紫外线消毒是通过紫外线破坏微生物的遗传物质的结构，从而破坏其繁殖能力，达到消毒效果的。因此，紫外线不仅对细菌、病毒有高效消毒效果，对化学消毒剂无能为力的贾第鞭毛虫和隐孢子虫同样具有高效的消毒效果。200 ～ 285 nm 的短波紫外线消毒效率最高。随着研究和紫外消毒设备越来越专业，消毒效率也越来越高。由于其不靠药剂消毒，不会向水中引入任何化学物质，因此不存在二次污染的风险。

第二节　钢铁工业综合废水处理电中吸附理论与技术

本节结合武钢钢铁工业综合废水回用项目的前期试验研究、可行性技术方案论证、设计、施工协调以及生产运行管理过程中现场收集的大量实际运行资料，分析了武钢综合废水水质、水量特征，提出了综合废水闭环回用水处理最佳工艺流程，并对工艺设计特点、主要处理构筑物及其设计参数的选择确定、主要设备选型以及水质稳定措施等问题做了较系统的阐述。最后，根据投产后实际运行情况，针对存在的问题，进行了进一步的优化研究。

一、水质、水量特征及要求

钢铁工业的废水水质、水量根据来源及工艺情况的不同而变化。武汉钢铁（集团）公司（简称"武钢"）原有两个对外排放口，分别是 A 排口和 B 排口（一期工程 Q=8 000 m³/h，二期工程 Q=10 000 m³/h），本研究以 A 排口综合废水处理回用为研究对象。A 排口汇集炼钢、轧钢、氧气公司、快餐公司和其他附属厂的合流污废水以及肖家湾、龚家岭附近企业的生产废水和生活污水及雨排水，成分复杂，水质、水量变化大，主要污染源为 SS、COD_{cr}、硬度和碱度、油类及总铁等。废水处理规模以 Q=8 000 m³/h 为参考，考虑到滤池的反冲洗废水和污泥脱水后的滤后水的再次回用处理，工艺的小时处理流量按 Q=8 320 m³/h 考虑，处理后符合要求的水进入武钢生产水管网，回用于生产。

二、工艺流程的确定

综合废水处理工艺的选择应根据进水水质、出水要求和工程规模等多因素综合考虑，各种工艺都有其适用条件。BOD_5/COD_{cr} 值是水处理工艺选择确定的重要指标，一般情况下，BOD_5/COD_{cr} 值越大，说明污水可生物处理性越好。国内外的研究成果认为 BOD_5/COD_{cr} 值小于 0.2 时，就不宜采用生物降解的方法。结合武钢 A 综合废水处理厂的前期研究和实测原水水质 $BOD_5/COD_{cr}=0.15$，经全面分析比较，该厂采用物理化学处理工艺。其流程确定为，各有关污废水已有排放渠汇集，由新建拦水坝拦截，经由新建废水明渠流入处理厂，首先通过粗/细格栅进入提升泵站的吸水井，由潜水泵一次提升进入调节池，均质均量后的水经巴氏计量槽自流入前混凝与配水构筑物，经混凝后的水通过配水渠进入高密度沉淀池，沉淀后水进入后混凝反应池，经混凝反应后进入 V 型滤池，滤后水自流入回用水池，最后由泵加压送至武钢供水管网作为生产用水；高密度沉淀池的上浮油经撇油装置进入储油池；高密度沉淀池和储油池的沉淀污泥分别由其底部的污泥泵打至污泥混合池，混合后的污泥由进泥泵送入板框压滤机，再进行脱水过滤，含固率大于40% 的泥饼经由污泥溜槽至地面污泥堆场，定期外运；板框压滤机滤布定期用高压水冲洗；V 型滤池定期用鼓风机和水泵进行气水反冲洗；板框压滤机冲洗废水和污泥脱水的滤后水回流到进水提升泵站的吸水井再次处理。

三、主要处理构筑物及其设计参数的确定

对于处理构筑物的设计参数的确定，需要考虑以下几个方面的内容。

（一）格栅、提升泵站和调节池

根据污废水的特点，为降低沉淀池的负荷量以及对设备的磨损、管道的堵塞，特别是为延长过滤机板框的寿命，在提升泵站前设置粗/细格栅以拦截较大和较小颗粒很有必要。武钢 A 综合废水回用处理设有两条格栅渠道（宽为 2 m），每条格栅渠道的过水能力为 4 000 m^3/h，在一条检修时，另一条格栅和渠道仍然可通过 8 000 m^3/h 的流量。在每条渠道上设置两级机械自动格栅，粗格栅栅隙为 25 mm，细格栅栅隙为 10 mm，格栅具有机械自动清洗功能，栅渣输送采用皮带输送机，格栅在自动状态下受时间以及格栅前高水位开关控制。

在调节池前部的取水井内安装潜水泵，用于提升污水至配水结构。潜水泵设置5 台，4 台工作，1 台备用，其中设 2 台变频调速泵。当水泵启动时，进行流量调节，将输送到高密池的流量波动减到最低限度；水流在配水结构内均匀分成两股，随后经两道进水渠流入调节池；提升泵站设计为小时峰值流量 8 320 m^3/h。

单机能力 2 080 m^3/h，出口扬程 14 m；调节池的作用在于均质均量，将下游处理的流量和水质波动减到最低幅度。调节池内设有水下搅拌装置，以防止沉积物沉淀。武钢 A 综合废水回用项目，设一座调节池，分为两格，设计参数为，每

格有效容积为 8 325 m³，每格设搅拌器 4 台，搅拌器功率为 25 kW，每立方米搅拌功率为 10 W。

（二）前混凝

混凝的混合阶段是整个混凝过程的重要环节，目的在于使投入水中的混凝剂能迅速而均匀地扩散于水体中，使水中的胶体脱稳，提高凝聚效果。混合工艺的选择应遵循快速、充分的原则，G 值适当增大，可使混合形成的絮体有较大密度，反之则絮体密度降低，对沉淀池排泥及过滤均不利。目前在大中型水厂中主要以管式静态混合、机械混合为主。经综合比较，同时考虑到武钢 A 综合废水回用项目规模较大等特点，采用机械混合方式，进水方式采用底进上出，以避免搅拌机在运行时受进水影响，混凝剂的投加量根据进水量的测量值按比例投加。快速混合池有关参数为：最大流量 Q=8 320 m³/h，个数为 2，接触时间 T=3 min，单池有效容积 V=210 m³ 时，快速搅拌器 2 台，速度梯度 $G>250\ s^{-1}$，搅拌功率 N=11 kW。

（三）高密度沉淀池

目前，在国内外沉淀池应用较多的主要有斜管（板）沉淀池、平流沉淀池和高效沉淀池。根据武钢实际状况和污水特点，武钢 A 综合废水回用项目采用的是高效改进型的高密度沉淀池技术。它是一种采用斜管沉淀及污泥循环方式的快速、高效的沉淀池，主要由三部分组成：反应区、预沉－浓缩区以及斜管分离区，是集絮凝、预沉、污泥浓缩、浓缩污泥回流、斜板分离于一体的高效沉淀池。它具备了斜管沉淀池、机械搅拌澄清池的优点，具体表现在：表面负荷高、效率高（上升流速一般在 10～35 m/h）、节约用地（为常规沉淀技术的 1/10～1/4）、药剂投加量低（由于污泥回流可以回收部分药剂，而且抓环使得污泥和水的接触时间较长，其耗药量低于其他的沉淀装置）、排泥浓度高（排泥浓度为 20～100g/L，在石灰软化时可以高达 150 g/L，完全满足直接脱水的要求，无须再建浓缩池）、水量损失较低（由于外排污泥的浓度较高，其带走的水量也相对较少，与常规静态沉淀池相比，沉淀池的水量损失非常低）、初期投资成本和运行成本低等。

1. 反应区

经混凝后的污水需进一步进行絮凝反应、沉淀，絮凝占有很重要的地位。按照新的混凝理论，絮凝设施主要能够提供有利于矾花成长的水力条件，增大絮凝体的碰撞概率，提高絮凝效率。武钢 A 综合废水回用处理采用的是机械搅拌反应，反应池内装有导流桶，将反应池分成两部分，每部分的絮凝能量有所差别。导流桶内由一个轴流叶轮进行搅拌，絮凝速度快，该叶轮使水流在反应器内循环流动，导流桶外壁和池壁间的推流状况导致慢速絮凝，保证了矾花的增大和密实。在该搅拌区域内悬浮固体（矾花或沉淀物）的浓度维持在最佳状态。污泥浓度通过污泥泵将污泥浓缩区的浓缩污泥回流到反应区得到保证。反应池独特的设计，既能够形成较大块的密实的均匀的矾花，又能使这些矾花以较常规的沉淀系统快得多的速度进入预沉区。

2. 预沉－浓缩区

当进入面积较大的预沉区时，矾花的移动速度放慢，这样可以避免造成矾花的破裂及涡流的形成，也使绝大部分的悬浮固体在该区沉淀并浓缩，泥斗设有椎状刮泥机，部分浓缩污泥在浓缩池抽出并泵送至反应池入口，剩余污泥从预沉池－浓缩池的底部抽出送至污泥混合池，浓缩区可分为两层：一层在锥形循环筒上面，一层在锥形循环筒下面。

3. 斜板分离区

经预沉—浓缩后的水由一个收集槽系统收集进入斜板分离池，在斜板沉淀区除去剩余的矾花，精心的设计使斜板区的配水十分均匀，既避免了水流短路，也保证了沉淀的最佳状态。高密度沉淀池具体设计参数为：处理能力 Q=8 320 m^3/h，池总数 n=6 个；单池最大流量 q=1 387 m^3/h；单池总面积 S=190 m^2，斜管面积 118 m^2，斜管内上升流速 V=11.84 m^3/（m^2•h）；单池排泥泵 1 台，流量 Q=60 m^3/h；单池污泥循环泵 1 台，流量 Q=60 m^3/h；紧急状态下，排泥泵可用作污泥回流泵；同时，6 座高密度沉淀池配备 1 台相同规格的完全备用排泥泵。

4. 后混凝

来自高效沉淀池的出水在进入滤池之前，须进一步进行混凝反应，以增强滤池的过滤效果和延长过滤周期。武钢 A 综合废水回用处理后混凝池的具体参数为：最大流量 Q=8 320 m^3/h，个数为 2，接触时间 T=0.5 min，单池有效容积 V=36 m^3，快速搅拌器 2 台，速度梯度＞250 s^{-1}，搅拌器功率 N=4 kW。

5. 滤池组

滤池的形式有普快滤池、V 型滤池和 CTE 翻板滤池。经过对比选择，武钢 A 综合废水回用采用的是 V 型滤池。后混凝池的出水经一个水渠引入过滤单元，然后通过一个位于上游的堰，在滤池之间的配水渠进行均匀地配水。水流从池体上部进入滤池，各个滤池有两个进水孔，其中一个孔可由自动闸板关闭（称为交叉扫洗限流闸板）。滤头均匀地分配在滤板上，以确保滤砂中的水得以合理过滤，从滤池出来的滤后水流入位于滤廊下面的大水渠。在水渠出口完成次氯酸钠消毒剂的投加。具体参数为：滤池数量 8 座，单池面积 121 m^2、宽度×长度 =4 m×15.14 m，滤料厚度 1.5 m，滤料有效尺寸 1.35 m，滤料之上水高 1.2 m、过滤速度 8.6 m/h。反冲洗强度：冲洗水 15 m^3/（m^2•h）、冲洗气 55m^3/（m^2•h）、交叉冲洗水 7m^3/（m^2•h）；冲洗水泵 3 台，2 用 1 备，型式为卧式离心，流量 Q=910 m^3/h、扬程 H=8 m；气洗风机 3 台，2 用 1 备，型式为罗茨，流量 Q=3 330m^3/h。

6. 清水池及加压泵站

经处理后符合要求的清水流入清水池储存，由加压泵站内的清水泵连续送用户使用。武钢 A 综合废水回用项目清水池设置于滤池底层，清水池容积为 4 000 m^3，分为两格。回用水泵设置于滤池的反冲洗泵房内，水泵采用大小泵配合调节方式，具体参数：设有 5 台大型卧式离心回用水泵，日常能力 $Q=8\,000 \sim 12\,000$ m³/h，3 用 2 备，单机 $Q=2\,667$ m³/h，$H=62$ m；同时泵站内设有 1 台小型调节泵，具体参数为 $Q=1\,200$ m³/h，$H=62$ m。

7. 污泥脱水

污泥脱水装置有真空脱水机、板框脱水机、带式脱水机等。武钢 A 综合废水回用项目采用的是板框压滤机脱水，来自高密度沉淀池浓缩段的剩余污泥，泵送到板框压滤机脱水。脱水系统设计为每天工作 24 h，每周工作 7 天，三套压滤机（2 用 1 备）处理设计产生的污泥量。板框压滤机的一个工作周期为 2.5 h，每天各工作十个周期。平均产泥量为 64 TDS/d。板框压滤机为全自动脱水，工作压力为 12 bar。压滤机的规格为：板尺寸 1\,600 mm×1\,600 mm，泥饼含固率 40%，单台板数 136 块，单台过滤面积 600 m²；设有 3 台变频进泥隔膜泵，$Q=60$ m³/h，$P=12$ bar；同时，设有一台高压冲洗泵，$Q=12$ m³/h，$P=100$ bar。

（四）化学处理

在钢铁工业综合废水处理回用过程中，仅有物理过程是远远不够的，还必须进行合适的加药化学处理。药剂种类的选择，及药剂的投加量、投加地点、投加方式须根据污水水质、回水水质要求和处理工艺确定。武钢 A 综合废水回用处理利用工程采用两级混凝处理工艺，前混凝使用石灰、聚合硫酸铁和聚丙烯酰胺，后混凝使用聚合硫酸铁和硫酸，最终处理出水的消毒剂使用次氯酸钠。首先在污水进入高密度沉淀池的絮凝区进行絮凝前，在前混凝池内投加混凝剂 PFS 和石灰。投加石灰的目的是吸附水中有机物和油等，使金属离子形成碳酸钙或氢氧化物沉淀，以污泥的形式排出和软化，去除暂时硬度。同时，经石灰处理的废水的 pH 值升高为 9.5 左右，为去除废水中的重金属离子创造有利条件。具体规格参数如下。首先，PFS 形态为铁含量大于 9% 的溶液，设有 3 台速控比例调节计量加药泵，2 用 1 备，$Q=300$ L/h；石灰浆由螺杆泵变频投加，石灰浆由熟石灰粉末（$Ca(OH)_2$ 纯度 ≥ 92%，粒径为 200 目）和水配制而成，设有 3 台螺杆计量加药泵，2 用 1 备，$Q=10$ m³/h。其次，在高密度沉淀池的反应区和污泥循环管路上投加聚合物电解质 PAM，投加的 PAM 由粉末状的 PAM 聚合物和水配制而成，投加泵将液态 PAM 送入相应的投加点，最大设计投加量 $Q=1.5$ mg/L，溶液浓度 2 g/L，设有 7 台比例调节投加螺杆计量泵，6 用 1 备，$Q=1\,050$ L/h。最后，在后混凝池投加 PFS 溶液和硫酸，投加硫酸的目的是调节 pH 值，硫酸浓度为 98%，平均投加量 $Q=20$ mg/L，设有 3 台变频调节投加隔膜计量泵，2 用 1 备，$Q=70$ L/h。后混凝池混凝剂的投加设施与前混凝设置在一起，设有 3 台后混凝速控比例调节计量加药泵，2 用 1 备，$Q=30$ L/h。最后，为了达到回用水质要求，滤池出水采用投加次氯酸钠消毒，次氯酸钠形态为液态，设有 2 台投加泵，1 用 1 备，$Q=550$ L/h。

四、电吸附技术在水处理深度净化脱盐中的研究进展

（一）电吸附技术原理

电吸附指通过在电极两端施加电压，使水中的离子、带电粒子和其他带电物质在静电作用下发生迁移，并被存储在电极表面的双电层中（双电层的厚度一般为 $1\sim10$ nm），从而降低了出水的溶解盐类、胶体颗粒和其他带电物质的浓度，使水质得以脱盐及净化。当电极吸附达到饱和后，除去外加电场并将电极短接，此时吸附的吸附质被释放到溶液中，通过这一过程实现电极的再生，脱附后的电极可重新投入使用。根据双电层理论，电极表面离子吸附量与体相浓度及表面电位之间有如下关系：

$$q = \frac{(8RT\varepsilon)^{\frac{1}{2}}(C)^{\frac{1}{n}}\sinh\left(\dfrac{zF\phi}{zRT}\right)}{zF} \tag{3-9}$$

令

$$k = \frac{(8RT\varepsilon)^{\frac{1}{2}}(C)^{\frac{1}{n}}\sinh\left(\dfrac{zF\phi}{zRT}\right)}{zF}$$

则

$$q = k(C)^{\frac{1}{n}}$$

式中， q ——表面电荷数；

ε ——水在电极表面的介电常数；

C ——水中离子浓度；

z ——离子电介数；

F ——法拉第常数；

Φ ——电极表面电位；

R ——通用气体常数；

T ——热力学温度；

n ——实验所得常数。

从上式可以看出，当电极表面电位达到一定值时，双电层离子浓度可达溶液体相浓度的成百上千倍。电吸附是将电化学理论与吸附分离技术结合起来的一种不涉及电子得失的非法拉第过程技术，所需电流仅用于给吸附电极/溶液界面的双电层充电，因此电吸附的本质是一个低电耗过程，是一种清洁生产新技术。

（二）多孔滤料的吸附除油机理

吸附主要指利用固体吸附剂去除废水中多种污染物。含油废水中的吸附除油法以亲油性材料作为吸附剂来吸附水中的油，从而达到除油的目的。常用的吸附材料是活性炭，但因其吸附容量有限、成本高、再生困难等，使用过程中受到了

一定限制。这也是近年许多学者开展寻找新的吸油剂研究的主要原因之一。研究不外乎两个集中点：一是为提高吸附容量，将具有良好吸油性能的无机填充剂与交联聚合物结合在一起；二是为改善其对油的吸附性能，提高吸附剂的亲油性。Carlo Solisio 等通过利用两种方法改性白云石来分别进行乳化油和不溶性油两种含油废水的初步吸附研究，结果表明：其对前者的除油率高于后者；用盐酸活化后的白云石对吸附可溶性油和有机物效率大大提高；经过煅烧的白云石可成功替代常规的吸附剂。

1. 静态吸附与动态吸附

吸附法单元操作通常包括三个步骤。第一步是使废水和固体吸附剂接触，废水中的污染物被吸附剂吸附。第二步将吸附有污染物的吸附剂与废水分离。第三步进行吸附剂的再生或更新。按接触、分离的方式，吸附操作可分为静态间歇吸附法和动态连续吸附法两种。其中被处理液与吸附剂搅拌混合，而被处理液没有发生流过吸附剂的流动，这种吸附过程叫静态吸附。因此静态吸附是一种使用间歇方式，在烧杯内进行吸附操作，获得吸附质平衡浓度的实验方法，当达到吸附平衡后，用沉淀或过滤的方法进行固液分离。静态吸附法操作复杂，一般用于实验室和小规模处理，或在采用粉末吸附剂时使用。

当被处理液与吸附剂搅拌混合时，被处理液通过吸附剂流动的吸附过程叫动态吸附。这种方法是在流动条件下进行吸附，相当于连续进行多次吸附，即在废水连续通过吸附剂填料层时，吸附去除其中的污染物。其吸附装置有固定床、膨胀床和移动床等形式，各种吸附装置可单独、并联或串联运行，得到广泛使用的是固定床吸附系统，根据水流方向可分为上向流和下向流两种。

2. 吸附的相关理论

静态吸附的相关理论包括常用的吸附等温式（包括 Langmuir 等温式，Freundlich 等温式，Branauer、Emmett、Teller 等温式以及 Temkin 等温线）和吸附动力学模型（包括准一级动力学吸附速率模型），以及准二级动力学吸附速率模型、颗粒内扩散模型和吸附热力学（包括活化能、焓、熵及自由能等）。

（1）穿透曲线

穿透曲线是依据吸附柱实验数据绘制而成的。按吸附柱出水溶质浓度或出水与进水溶质浓度之比 C_t/C_0 对过滤时间或过滤水量的关系作图。出水浓度达到最大允许值 C_b 时称为穿透。出水浓度等于 95% 时的点 C_X 称为耗竭。从穿透到耗竭时的一段 "S" 形曲线称为穿透曲线。在该曲线的上方，表示不同过滤时间吸附柱的饱和区、吸附区和未吸附区的变动情况。动态吸附实验开始时，大部分污染物在柱上部的吸附区内去除，出水中污染物浓度很低。过滤一定水量后，上层吸附剂趋于饱和，吸附区向下移动。吸附区移近柱的底部时，出水污染物浓度渐渐增大，一旦吸附柱趋于饱和，出水的污染物浓度很快上升，最终等于出水浓度。当出水浓度达到允许最高出水浓度 C_b 时，我们称之为吸附柱的泄漏浓度，所产生的总水量为 V_b，它相应的运行时间 t_b 称为吸附周期。

穿透曲线的形状与进水水质、水量及吸附剂的容积有关。流量和吸附床容积一定，即接触时间一定时，如果污染物和吸附剂的种类不同，曲线的斜率和穿透时间随之发生变化，表现在"S"形曲线有时很陡，有时则延伸很长。如果吸附床的出水水质要求不同，则达到穿透的时间也会发生变化。吸附剂堆积厚度一定时，出水水质要求越高，则穿透越早，吸附柱运行时间越短，相应的再生频率增大。

（2）吸附动力学

静态吸附的动力学模型并不适用于动态吸附，因为"吸附"在实际应用中都是动态的。而 Thomas 模型、Yoon-Nelson 模型、Adams-Bohart 模型、Clark 模型、Wolborska model 模型、Clark model 模型是对动态 t 吸附固定床进行动力学研究的常用模型，特别是对于动态吸附，常结合穿透曲线用 Thomas、Yoon-Nelson 等模型来研究其吸附动力学。

1）Thomas 模型

Thomas 于 1944 提出了著名的 Thomas 模型，可估计吸附质的平衡吸附量和吸附速率常数，其表达式如下：

$$\frac{C_t}{C_0} = \frac{1}{1 + \exp(K_{TH} q_0 x / v - k_{Th} C_0 t)} \tag{3-10}$$

其线性形式为

$$\ln\left(\frac{C_0}{C_t} - 1\right) = \frac{K_{TH} q_0 x}{v} - K_{TH} C_0 t \tag{3-11}$$

式中，　C_t——在取样时间的浓度（mg/L）；

C_0——初始浓度（mg/L）；

K_{TH}——速率常数（mL/（min·mg））；

q_0——平衡吸附量（mg/g）；

x——吸附柱中的吸附剂的量（g）；

v——流速（mL/min）；

t——吸附柱运行时间（min）。

2）Yoon-Nelson 模型

Yoon-Nelson 模型对吸附剂的类型和吸附床的物理性能，以及被吸附物的特性并不要求详细的资料，它因简便实用而被广泛应用。Yoon-Nelson 模型表达式：

$$\frac{C_t}{C_0} = \frac{\exp(\tau K_{YN} - K_{YN} t)}{1 + \exp(\tau K_{YN} - K_{YN} t)} \tag{3-12}$$

式中，　K_{YN}——速率常数（min^{-1}）；

t——取样时滤床运行的时刻（min）；

C_t——时刻 t 时出水中含油量（mg/L）；

C_o——进过滤装置的初始含油量（mg/L）；

τ——C_t/C_o 达 0.5 时所需时间（min）。

将式（3-12）进行线性转换成线性形式如下：

$$\ln \frac{C_t}{C_0 - C_t} = (K_{YN}t - \tau K_{YN})$$ （3-13）

在式（3-12）和式（3-13）中分别以 C_t/C_o，$\ln C_t/（C_o - C_t）$ 对 t 作图，K_{YN} 和 τ 的值可分别用非线性回归分析和线性回归方法确定。

为了确定 Yoon-Nelson 模型对滤柱实验中油去除吸附动力学拟合的准确度，在结合相关系数（R^2）的基础上，以卡方拟合优度检验（x^2）来评价，其数学表达式如（3-14）所示。

$$x^2 = \sum \frac{(\tau_{\exp} - \tau_{theo})^2}{\tau_{theo}}$$ （3-14）

式中， $\tau_{\exp}$——从滤柱实验中得到的 C_t/C_o 为 0.5 时所需时间（min）；

τ_{theo}——从 Yoon-Nelson 模型中得到的 C_t/C_o 为 0.5 时所需时间（min）。

如果 x^2 较小，则表明 Yoon-Nelson 模型对滤柱实验中油去除吸附动力学拟合较好，反之则较差。

3）BDST 模型

吸附柱中吸附剂的高度是影响处理效率、运行成本的一个主要因素，特别是吸附柱的运行周期与吸附剂的高度密切相关，这种关系可以用 BDST 模型来表示，它的线性形式可表示如下：

$$t = \frac{N_0}{C_0 F}Z - \frac{1}{K_a C_0}\ln\left(\frac{C_0}{C_t} - 1\right)$$ （3-15）

式中， F——流速（cm/min）；

N_o——吸附柱的吸附容量（mg/L）；

K_a——速率常数（L/（min mg））；

t——运行时间（min）；

Z——吸附柱的高度（cm）；

C_t、C_o 同上。

一个更简化的表达式为

$$t = aZ - b$$ （3-16）

式中， $a = \dfrac{N_0}{C_0 F}$；$b = \dfrac{1}{K_a C_0}\ln\left(\dfrac{C_0}{C_t} - 1\right)$。

根据 a、b 可以很方便地求出当流速或初始浓度发生变化时，新的流速或初始浓度。

（三）乳化液、平整液废水处理的研究进展

1. 乳化液、平整液废水的产生与特点

一般来讲，含油废水根据油的形态及分离特性，可分为以下几种，即浮油、分散油、乳化油、溶解油和油－固体物。

浮油是铺展在污水表面形成的油膜或油层，油滴粒径较大，一般大于 100 μm，总含油量为 70% ~ 80%。

分散油是以油粒状态分散在污水中的，粒径为 25 ~ 100 μm。这种油不稳定，静置一段时间后往往变成浮油，因此分散油可用重力沉降法分离。

乳化油在污水中呈乳浊状，油滴粒径一般为 0.1 ~ 25 μm。细小的油珠外边包着一层水化膜且具有一定量的负电荷（乳化油有水包油型 O/W 及油包水型 W/O 两种，在水处理中常常遇到的是水包油型的乳化液），水中又含有一定量的表面活性剂，使得乳化物呈稳定状态，油粒之间难以合并，长期保持稳定，难以用机械的方法分离。

溶解油以化学方式溶解于水中，油粒直径在 0.1 μm 以下，甚至到几纳米，极难分离。

油－固体物在水体中，油黏附在固体悬浮物质的表面上形成了油－固体物。

钢铁工业在轧钢过程中产生大量的含油废水，主要包括带钢轧制过程中为了消除冷轧产生的热变形，需要采用乳化液（乳化液主要是由 2% ~ 10% 的矿物油或者植物油、阴离子型或非离子型的乳化剂和水组成）进行冷却和润滑，由此而产生的冷轧乳化液废水。冷却带钢在松卷退火前要用碱性溶液脱脂，产生的碱性含油废水。冷轧不锈钢的生产过程中，退火、酸洗、冷轧、修磨、抛光、平整和切割等工序中或连续或间歇排放出含油含脂的轧制乳化液。热轧和硅钢厂也存在乳化液废水的排放问题。这些废水中以冷轧乳化液废水的处理最为困难，属目前较难处理的高浓度持久性有机废水，直接排放不仅浪费资源而且会对环境造成严重污染。

《钢铁工业水污染物排放标准》（征求意见稿）要求：

①从 2009 年 1 月 1 日起，现有冷轧企业总排放口废水 COD_{cr} 排放限值为 60 mg/L；

②从 2011 年 1 月 1 日起，现有冷轧企业总排放口废水 COD_{cr} 排放限值为 30 mg/L（新建企业从标准实施之日起）。

该排放标准的实施，实现了废水真正稳定达标排放或废水回用，对钢铁行业废水处理，尤其是对高浓度难降解废水的处理，是一个巨大的挑战。

2. 冷轧乳化液、平整液含油废水处理的技术发展概况

冷轧乳化液、平整液含油废水处理是国内外工业废水处理领域的一大难题，

几十年来尚未出现大的突破性研究成果。目前，国内外去除含油废水常采用的方法有气浮法、絮凝法、吸附法、生化法和膜分离法等工艺。然而，这些技术不同程度存在运行费用高、药剂消耗量大、出水不能稳定达标等缺点，难以达到理想的处理效果。总的说来，一套完整的含油乳化液、平整液废水处理系统是由包括物理法、化学法、物理化学法、生物法以及目前正在广泛研究的高级氧化法等多种方法组成的，按其原理主要分为物化工艺和生化工艺。

（1）物化工艺

目前国内外常用的含油废水的物化工艺主要有超滤法、"化学破乳＋气浮"法、电解气浮法以及正处在研究阶段的以高级催化氧化为核心的新型组合工艺技术等。

1）超滤法

超滤装置用于工业系统在国外始于 20 世纪 60 年代末。20 世纪 70 年代初我国也开始了这方面的研究，但乳化液废水处理用超滤技术的成功工程应用实例并不多。

超滤的主要作用是分离直径大小为 0.01 ～ 10 μm、分子量一般大于 500 的分子级的微粒。超滤法处理乳化液废水的主要优点是，设备紧凑、占地面积小、维护管理方便、操作稳定，可回收的废油浓度较高；其缺点主要是，一次性投资大，对溶解性的 COD 无法去除，必须进行进一步的生化降解。特别是皂化度较高、分子链较长的乳化液含油废水，因其会堵塞超滤膜表面，影响过滤效果，而不适于采用超滤法。

2）"化学破乳＋气浮"法

"化学破乳法＋气浮"法就是在乳化液废水中加入化学药剂，降低双电层的电势，压缩双电层，使之脱稳聚结，并加入絮凝剂，使小油珠凝结成较大的油滴，然后通过气浮将油滴浮出水面，从而达到将其从水中分离出去的目的。

"化学破乳＋气浮"法处理乳化液废水主要优点是，一次性投资较省、适应性强（可以处理不能被超滤技术处理的高乳化度乳化液废水）、可预处理降解废水中的溶解性 COD；主要缺点是，破乳药剂的选择性和适用性范围窄，运行管理较为复杂。

3）电气浮法

电气浮法是指利用电解时阴极释放出的氢气和阳极释放出的氧气微小气泡使污染物上浮去除的电化学过程。

电气浮主要优点是，电气浮过程中产生的气泡分布范围较窄，尺寸也较小，平均大小为 20 μm 左右，可以获得很高的分离效率；通过改变电流密度即可调节气泡的数量，从而可提高气泡与污染物颗粒间的碰撞概率；对于特定的分离过程，选择合适的电极材料和溶液条件即可获最佳的分离效果。其主要缺点是，工艺复杂，技术要求高；对阳极板质量要求较高，造价昂贵；化学过程产渣量大，泥渣的处理成本也大。这也是目前电气浮法不能得以广泛应用的主要原因之一。

4）高级氧化法

高级氧化法是一种具有特殊机理的化学氧化法，其反应机理目前被普遍认为是自由基氧化机理，即利用复合氧化剂、光照射、电或催化剂等作用，诱发产生多种形式的强氧化活性物质，尤其是羟基自由基（—OH），能够使绝大多数的有机污染物完全矿化或部分分解。目前研究比较多的高级氧化技术有湿式氧化法、Fenton 试剂氧化法、臭氧氧化法、光催化氧化法、超声氧化法以及电催化氧化法。

（2）生化工艺

目前国内外针对高浓度 COD 废水处理，单独采用好氧工艺很难达到理想效果，而采用"厌氧＋好氧"的组合工艺则具有良好的处理效果。常用的厌氧工艺主要为高效厌氧反应器，如 UASB、EGSB 等。经过厌氧处理，大分子有机物被转化为无机物，水质变好，同时微生物得到了生长。好氧工艺中的生物膜法由于具有高有机负荷而得到广泛应用，如接触氧化法、膜生物反应器。

1）接触氧化法

接触氧化法与其他好氧生物处理方法比较，具有许多特点。因此目前得以广泛应用。

2）膜生物反应器

MBR 是一种由膜分离单元与生物处理单元相结合的新型水处理技术。其主要特点是，处理效率高，出水水质好，设备紧凑、占地面积小、易实现自动控制、运行管理简单，对废水的回用带来不可估量的前景。该技术已经在宝钢、本钢、马钢、重钢冷轧含油废水处理工艺中成功应用，在美国、德国、法国、日本和埃及等十多个国家也得以应用，是我国冷轧含油废水处理中可以采用的技术。

3. 电催化氧化法研究现状

早在 20 世纪 40 年代就有人提出利用电化学法处理废水，但由于当时电力匮乏，同时电氧化降解有机物过程中存在电流效率低、电耗高等问题，因此发展缓慢。20 世纪 60 年代初期，随着传质理论、材料科学及电力工业的迅速发展，电化学法逐渐引起人们的注意。20 世纪 80 年代以后，国内外许多学者从研制高催化活性电极材料入手，对有机物电催化氧化机理和影响降解效率的各种因素进行了研究，取得了较大突破，并开始将其应用于特种生物难降解有机废水的处理过程。该技术已成为现代高级氧化技术领域的一个热点。

所谓电催化，是指在电场作用下，存在于电极表面或溶液相中的修饰物能促进或抑制在电极上发生的电子转移反应，而电极表面或溶液相中的修饰物本身不会发生变化的一类化学作用。电催化反应速率不仅由催化剂的活性决定，还与电场及电解质的本性有关。因为电场强度很高，对参加电化学反应的分子或者离子具有明显的活化作用，反应所需的活化能大大降低，所以大部分电化学反应可以在远比通常化学反应低得多的温度下进行。

与其他水处理技术相比，电化学水处理技术被称为环境友好技术，在绿色工艺方面极具潜力，可望得到广泛应用。

（1）电催化氧化降解原理

电化学降解有机物的基本原理是使有机污染物在电极上发生氧化还原转变。被氧化物质和电极基体直接进行电子传递的氧化方法称为直接电化学氧化法。阳极直接氧化法是指污染物在阳极表面氧化而转化成毒性较低的物质或生成易降低的物质，甚至无机化，从而达到削减污染物的目的。通过在阳极先产生强氧化剂，再在液相中氧化有机污染物使其降解的过程，称为间接电化学氧化。

Comninellis 等把在析氧条件下，发生在阳极表面的有机物氧化过程分为电化学转化和电化学燃烧。他们认为，在电解过程中金属氧化物电极形成的非计量型高价氧化物时，有机物以电化学转化方式降解；如果金属氧化电极已经达到最高价态，则形成·OH，此时降解过程以电化学燃烧的方式进行。相比较而言，电化学燃烧过程中间产物少，可以使有机物彻底矿化为 CO_2 和 H_2O。根据 Comninellis 等的观点，有机物电化学降解过程按以下主要步骤进行。

首先，H_2O 或 OH^- 在阳极放电产生物理吸附态的·OH：

$$MO_X + H_2O \longrightarrow MO_X（·OH）+ H^+ + e \qquad (3\text{-}17)$$

吸附态的·OH 与有机物发生电化学燃烧作用：

$$R + MO_X（·OH）\longrightarrow CO_2 + H^+ + e + MO_X \qquad (3\text{-}18)$$

同时，如果吸附态的·OH 能与氧化物阳极发生快速氧化反应，氧从·OH 上迅速转移到氧化物阳极的晶格上形成高价态氧化物 MO_{X+1}，而阳极表面·OH 保持在较低水平，则高价金属氧化物与有机物发生选择性氧化，则如式（3-19）、式（3-20）所示：

$$MO_X（·OH）\longrightarrow MO_{X+1} + H^+ + e \qquad (3\text{-}19)$$

$$R + MO_{X+1} \longrightarrow RO + MO_X \qquad (3\text{-}20)$$

式（3-20）即所谓的电化学转化过程，这是一个可逆过程。

另外，电化学转化过程中还存在不可逆过程。它是指在电化学转化过程中，电极表面可以产生一些活性中间产物，如·OH、OCl^-、H_2O_2、O_3 等，这些中间产物参与氧化有机物，使污染物得到降解去除。

（2）电催化氧化在水处理中的应用

电催化氧化因比一般的化学反应具有更强的氧化能力，很少消耗化学药剂，适应性强及易于实现自动化控制等优点而用于处理大分子不可生化降解的有机污染物废水。

电化学氧化对木质素、单宁酸、金霉素以及 EDTA 等多种难生物降解有机物的去除效果较好。实验以 PbO_2/Ti 作为阳极材料，研究了电流密度、支持电解质种类以及浓度对有机物去除效果的影响。结果表明，在含氯离子的溶液中电解效果最好，提高电流密度与溶液中氯离子浓度，可以提高对溶液 COD 的去除率。同时，采用钛基二氧化铅电极对炼焦废水进行电化学氧化处理。原水中 COD_{cr} 含量为 2 143 mg/L，氨氮含量为 760 mg/L，电化学方法对废水 COD_{cr} 的去除率可到 89.5%，氨氮去除率为 100%。研究表明，废水中的氯离子浓度、电解电流密度以及 pH 值都对有机物去除效率和电流效率有重要影响。电化学氧化因为可以很容易地将溶液中的大分子有机物降解为小分子有机物，因此它是一种有效的废水前处理手段，并得到了许多理论和实践研究的证实。同时，电催化氧化在除藻、灭菌与消毒方面也有所应用。吴星五等用此方法生成 H_2O_2、O_3 等强氧化性活性氧对水体进行除藻、灭菌与消毒，取得了很好的效果。在新型催化电极开发方面，利用活性炭纤维电极与铁的复合电极进行了研究并取得了较好的效果。结果发现，三维电极比平板电极节能 70% 以上。除三维电极外，还可以采用网状电极、填充式流化床等结构形式，同样可以达到扩大电极表面积、节能的目的。

第三节　工业水处理中有机污垢近红外光谱数据处理技术研究

在工业水处理系统中有机污垢所形成的生物膜会增加设备能耗和设备清洗维护成本，造成能源与原材料的浪费。目前我国在污垢监测领域的研究，无论是监测技术原理的创新设计还是监测装置的开发应用，都远远落后于世界上的工业发达国家。

一、工业水处理系统中有机污垢概述

（一）工业水处理系统有机污垢的危害

在工业水处理系统中含有大量的浮游微生物，当微生物聚集并达到一定数量时，会在与之接触的表面形成一层生物膜，该生物膜中包含大量的有机物成分，如各种细菌、真菌、悬浮微生物等。当微生物不断积聚且得不到及时处理时便会造成严重的有机污染。南京栖霞山化肥厂就曾经发生过一起严重的黑水事故，由于微生物在设备和管道中的沉淀形成一层黑垢，造成了严重的"视觉污染"，经调查该厂的循环冷却水发现，其中含有细菌 359 种、藻类 19 种、真菌 14 种。另外有机污垢在机器和设备表面附着所形成的生物膜会增加设备的能耗，对设备产生腐蚀，降低设备的机械强度，如果在换热设备中还会影响传热效果，造成能源的浪费。有机污垢对水处理系统的影响主要有：

①有机污垢会增加水流阻力，提高设备能耗和运行成本；

②延长产品的生产周期，增加设备损耗；

③金属表面上的污垢，妨碍水处理药剂与金属表面的接触，影响金属表面保护膜的连续性、完整性，加快金属的腐蚀速度，当局部有污垢生成时，还会产生

垢下腐蚀，甚至有穿孔的危险；

④增加停车检修时间和清理费用；

⑤有机污垢传热效果差，会降低设备的热转换效率。

（二）工业水处理系统中污垢监测的必要性和意义

通过对新西兰国内千余家企业的水处理设备进行调查，结果表明90%以上的设备都存在着不同程度的污垢问题。污垢对工业水处理系统所造成的浪费和损失是非常严重的。

在工业发达的国家中，由污垢造成的损失平均占国民生产总值的0.3%。因此，工业发达的国家都非常注重污垢的监测技术研究。数据表明，美国与英国每年在污垢监测及处理方面的花费有上亿美元。我国2003年的国民生产总值是1.4万亿美元，其中由污垢给我国带来的损失高达42亿美元。在我国，许多设备还相对比较落后，污垢的监测及处理技术还不够发达，因此大力发展我国工业水处理系统中的污垢监测及处理技术就显得十分必要。

目前，我国在工业水处理系统中针对有机污垢的处理方法主要是采用阻垢剂。阻垢剂是一种能够有效阻止各种设备中污垢的形成和生长的化学药剂。我国在阻垢剂方面的研究已经有几十年的时间，在循环冷却水领域内关于阻垢剂的研究取得了丰硕的研究成果，而对于反渗透型的阻垢剂研究还不够深入，与发达国家之间还有一定的差距。

另外，阻垢剂的主要成分是各种含磷无机盐或者有机聚合物，使用时如果处理不当还会造成环境污染。环境保护力度不断增加，对阻垢剂的发展提出了新的要求，即开发新型无污染阻垢剂。

对系统中的有机污垢进行除垢工作一般采用定期除垢的方法，这种方法确实可以实现系统除垢，但会造成一定的资源浪费。每一次的除垢工作都需要设备停止工作，造成一定的经济损失。如果能够对有机污垢进行有效的在线监测，并且能够正确判断系统是否存在明显的污垢问题，确定有机污垢的含量达到一定程度时再停车除垢，那么不仅可以有效地去除系统中的有机污垢，还能提高系统的运行效率，减少不必要的经济损失。所以，如何采取既合理又经济的污垢监测方法成为当前的热门课题之一。

二、近红外光谱分析技术

近红外谱区虽然先于中红外谱区被人们所发现，但由于当时的信息提取技术不够发达，无法充分提取光谱图中所包含的有价值信息，使得该技术的发展停滞了许多年。近年来，化学计量学方法在理论和算法的研究方面都取得了较大的进展。结合计算机强大的数据处理能力，以及现代光谱测量技术、制造业的发展，近红外光谱分析技术在越来越多的领域得到了广泛的应用。

（一）近红外光谱分析技术简介

近红外区光的波长范围为 0.8 ～ 2.5 μm，习惯上也常用单位长度内所含有的完整周期数即波数来表示，为 12 500 ～ 4 000 cm^{-1}。

物质的近红外光谱主要反映的是物质内部分子的非谐性振动，当近红外光照射在物质表面时，物质内部的分子受到光电子的激发会向能级更高的激发态发生跃迁，由于部分光能被吸收所以产生吸收光谱。物质内部各种含氢基团（C—H、O—H、N—H）的伸缩振动非谐性系数较高，其振动的基频吸收谱带处于红外区，当受到近红外光电子激发时，其倍频与合频吸收谱带正好处于近红外区，而且吸收强度相对较大，所以物质的近红外光谱主要反映的就是物质内部含氢基团的振动信息。

由于物质的近红外光谱能够反映物质内部分子振动的信息，因此通过物质的近红外光谱图就能够对该物质的成分进行分析。物质的近红外光谱图具有信息量大、吸收强度弱、谱峰归属不明确等特点，光谱图中每一个波长点都叠加了多种组分的信息，同时每一组分所产生的光谱吸收会反映在多个波长点上。

（二）近红外光谱分析技术的构成

近红外光谱分析技术主要包括样品集的收集和制备、近红外光谱采集、参考数据测定、校正模型的建立、模型的更新与维护和未知样品的预测等方面。

样品集的收集和制备是近红外光谱分析过程中时间最久、难度最大、要求最高的步骤。样品集收集过程中要求考虑到所有可能影响建模效果的因素，挑选出具有充分代表性的样品用来进行建模分析。实验数据表明，在样品的收集制备过程中引入的误差占系统分析总误差的 50% 以上。

近红外光谱采集指根据样品状态选择合适的测量方式并通过近红外光谱仪对已制备好的样品进行光谱采集。在光谱采集过程中光谱仪的信噪比、波长精度和分辨率对物质近红外光谱准确度影响较大。研究人员针对不同的样品状态、不同的测量方法还发明了不同的测量附件，可以根据待测样品的状态和所处环境选择最合适的测量附件，以达到最好的测量效果。

参考数据的测定指根据传统的化学成分分析方法，对待测样品进行成分分析。所得结果将用于建立近红外光谱数学模型，所建模型的准确度与参考数据的测定有直接的关系。另外，参考数据还可以作为对未知样品进行预测时检验模型预测效果的对比数据。

建立校正模型是指采用化学计量学方法建立样品近红外光谱数据与相应的性质数据之间的对应关系，该步骤是对样品进行光谱分析过程的最核心的一步。采用近红外光谱分析技术对样品中各组分的含量进行检测的原理是，当样品的各组分比例发生变化时，样品的性质会发生相应的变化，同时这种变化也会反映在样品的近红外光谱多个波长点的吸光度上。近红外光谱分析就是对待测样品的各组分含量的变化和相应的近红外光谱变化建立校正模型。对同一种样品可使用同一张光谱图建立多种性质的校正模型。

化学计量学方法根据样品光谱数据与性质数据的线性关系可以分为线性建模方法和非线性建模方法。线性建模方法主要有多元线性回归法（MLR）、主成分分析法（PCA）、偏最小二乘法（PLS）；非线性建模方法主要有非线性偏最小二乘法（NPLS）、局部权重回归法、人工神经网络方法（ANN）、模拟退火算法等方法。各种建模方法均有各自的适用条件和范围，一般来讲，PLS、PCA、ANN 等方法的处理结果都优于简单的多元线性回归分析法。

（三）近红外光谱分析技术特点

作为当代最具代表性的分析技术，近红外光谱分析技术具有许多独特的优势，归纳起来主要有如下几点。

①可以对各种状态的样品进行无损分析，且样品不需要像其他分析技术那样需要溶解、萃取等一系列预处理过程，而且不需要使用任何化学药剂，属于绿色环保型分析技术。

②近红外光可以直接穿透到样品内部，携带内部信息，可以方便地对水果、蔬菜、谷物等固体样品进行直接测定，非常适合用于在线分析。

③相对于传统分析方法，不需要对样品进行处理，便可直接进行光谱采集，速度快、结果可靠、效率高。并且分析样品中的其他组分时，不需要重新采集光谱。

近红外光谱分析技术虽然具有上述许多其他方法所不具备的优势，但也存在一定的缺陷。该技术的主要缺陷如下。

①建立数学模型时需要收集大量的样品集，而且样品集要具有代表性，能够包含所有的因素，还要耗费大量的人力、物力。模型一旦建立，应用起来既简单方便又快速准确。但对于零散的又没有现成可用模型的样本，建模难度大而且准确度低。对于通过简单常规方法就能快速完成检测的样本也不适合采用此方法。

②校正模型的建立不是一劳永逸的，需要根据待测样本的组成和性质变动，不断对校正模型进行维护。

③校正模型还要求光谱仪器具有较高的稳定性，以保证通过该光谱仪所采集到的光谱与建模时的光谱采集条件一致，也就是使建模和预测时的外界条件保持一致，以免引入新的误差，造成模型的准确度降低。

基于上述特点，使得该技术尤其适用于以下几方面。

①对复杂组成的样品进行分析，特别是对含氢基团较多的样品，如石油化工领域的原油各组分含量的在线监测等。

②在医学领域可以实现对血糖、血脂、蛋白质、胆固醇等成分的非接触测量，还可以实现对血液中酒精含量的快速非接触测量，可以用于检测司机是否酒驾。

③在食品安全领域，可以实现对各种肉类、奶制品、水果和蔬菜等食品的各

组分含量进行快速检测，检验食品的新鲜程度和是否掺假等方面，以保证食品的安全。

三、系统总体设计

本系统的总体设计主要包含近红外光谱采集实验系统设计和软件设计两部分。其中近红外光谱采集实验系统主要包括校正集样本的收集、校正集样本和验证集样本的近红外光谱测定、校正集样本性质数据的常规测定。软件设计部分主要包括利用 Visual C++ 软件实现化学计量学方法，建立校正集样本的近红外光谱与性质数据之间的校正模型，完成对未知样品的预测等，并给出预测结果与真实数据之间的回归曲线，评价模型的预测效果。

（一）校正集样本的收集

近红外光谱分析技术中对样本进行光谱校正的过程就是从样本复杂、重叠的近红外光谱中提取出与被测样本组成性质有关的信息。该过程主要分为两步：首先是建立用于校正光谱的校正样品光谱集和性质数据集；其次是运用化学计量学方法或其他方法建立校正样品光谱集与相应的性质数据之间的数学关系，即数学模型。

在建模过程中，校正集样本的收集最为耗时，且难度大，精度要求高，并且需要考虑到尽可能多的会对样品性质产生影响的因素，包括样品的状态、性质、松紧程度、生产地域、光照条件等。固体粉末状样本还要考虑到含水量、温度、颗粒大小、样品高度等因素。在收集样品时考虑的因素越多，样品信息越丰富，但同时信息的重叠量也会增大。而且如果考虑所有的因素，模型建立过程的时间越长，耗费越大。因此在校正集样本收集过程中要挑选代表性强、分布均匀、数量相对较多的样本，以既不超出化学分析范围，又能充分代表样品的全部背景信息为最佳。

（二）光谱采集原理

近红外光谱产生的原理是，当一束近红外光照射到样品表面或穿透样品内部时，样品分子中的化学键发生非谐性振动。分子受到激发并吸收光子，从当前能级向能级更高的激发态跃迁产生吸收光谱，该光谱即为近红外光谱。物质的近红外光谱主要反映了其组成中原子间非谐性振动的倍频与合频吸收信息，其中原子间振动的合频信息以及一、二级倍频的振动信息主要反映在摩尔吸光系数较大、穿透能力较弱的长波近红外区（1 100 ～ 2 600 nm）；原子间振动的三、四级倍频主要反映在摩尔吸光系数较小、穿透能力强的短波区（700 ～ 1 100 nm）。根据长波区与短波区近红外光穿透能力的强弱，长波近红外光适合对块状固体样品进行漫反射分析，而短波近红外光适合对粉末状固体样品或液体样品进行透射分析。

采用近红外光谱法对样品进行分析时，需要根据样品的状态，选择合适的分析方法。当样品为均匀的无明显颗粒状杂质的液体时，一般采用透射光谱法。当样品为固体时，常采用漫反射光谱法，但当样品为粉末状时，也可以采用透射法进行分析。

由比尔定律可知，样品的吸光度与样品浓度存在一定的关系。透射光谱分析法正是根据这一原理来进行分析的。对某一波长的单色光，样品的吸光度 A 与光程 b 及物质量的浓度 C 成正比，比例常数为吸光系数，吸光系数与所用的浓度单位有关。比尔定律如式（3-21）所示。

$$A = -\lg \frac{I}{I_0} = \varepsilon bC \tag{3-21}$$

式中， I_0 ——入射光强；

I ——透过溶液后的光强；

ε ——摩尔吸光系数；

C ——物质的量浓度；

b ——光程。

对所有的样本进行光谱采集主要是通过近红外光谱仪实现的。光谱仪的性能和稳定性直接影响所测得的光谱质量的高低。影响光谱仪性能的因素主要包括有效波长范围、波长准确度、分辨率、信噪比等。

在对校正集样品进行光谱采集时，要充分考虑到各种因素对光谱仪性能的影响，选择恰当的测量方法和测量附件。对同一样本进行多次光谱扫描取平均值可以提高光谱的信噪比，降低与信号无关的随机噪声的影响。

在对未知样品进行光谱采集时，要保证所有的条件都必须与校正集样本光谱采集时的条件保持一致，包括光谱仪的性能以及外界环境。

需要说明的是，光谱采集方式并不是固定的。一般情况下，固体样品（粉末或颗粒）适合做漫反射测定，液体样品常采用投射分析法。不同的光谱采集方式要配以不同的测量附件才能得到质量较高的光谱。

（三）性质数据的测定

参考数据的测定是通过常规测试方法或现行标准方法测得校正集样本的相关性质数据，用于模型的建立。该章的校正集样本是用按比例配制的营养液来模拟工业水环境进行光谱分析，所以参考数据是已知的，不需要进行常规测定。

四、数据处理软件设计

Visual C++（VC）是微软公司推出的面向对象的可视化编程开发工具，具有开发界面友好、数据处理能力强、库函数丰富、兼容性强等特点，可以方便地实现个性化界面和功能的设计。本软件的设计目标是，实现对已知光谱数据和性质数据的样品集建立校正模型；采用已建立的数学模型对验证集的样品性质进行预测分析，通过预测结果对模型质量进行评价。

光谱数据的多样化显示包括以表格形式显示每个样本每个波长点的吸光度值

和绘制每个样本在整个光谱区间的吸光度变化曲线图。

界外样本的识别主要指根据马氏距离计算样本之间的相似程度，剔除样本中的异类样本。

样品集编辑主要功能是，通过特定的方法筛选出最佳的建模样本变量和建模波长变量。参与建模的样品集光谱数据和性质数据质量的高低决定了模型的稳健程度和预测能力。

主成分分析（PCA）是一种常用的数据压缩方法，该方法的原理是将原始的数据经过线性变换后得到较少维数的新数据，虽然数据维数变少，但变换后的新数据能够包含较多的原始数据信息。将变换后得到的新数据与样本的性质数据直接进行多元线性回归建模的方法为主成分回归法（PCR）。该方法可以有效地解决光谱数据中信息重叠的问题，并且消除部分噪声的影响，缺点是在降维的过程中有可能丢掉有用的主成分信息，那么所得的结果将偏离真实的数学模型。

校正模型的建立与评价模块的设计目标主要是，编程实现对光谱数据的多样化显示、界外样本识别、建模数据筛选、光谱数据的主成分分析（PCA）偏最小二乘法建模（PLS）、径向基函数网络建模（RBF），以及偏最小二乘法结合径向基函网络的混合建模（PLS-RBF）等功能，并通过验证集样本的预测标准偏差等参数对模型进行验证，通过各种模型的预测实际图对比各种建模方法的优劣。

偏最小二乘法（PLS）建模的原理是在主成分分析的基础上，根据原始光谱所对应的性质对原始光谱数据进行线性变换，实现更为有效的数据压缩，所以该方法建立的数学模型比简单的主成分回归预测精度更高。

人工神经网络建模与主成分回归和偏最小二乘算法相比，不同之处在于，人工神经网络建模建立一个多层的多输入多输出网络，直接将样本的全部或部分特征光谱数据作为网络的输入数据，将要分析的一个或若干性质数据作为网络的输出数据，通过网络中间层各节点权值的调整，实现光谱数据与性质数据之间的最佳逼近。

（一）数据载入模块设计

数据载入模块主要包括光谱数据的载入和性质数据的载入。该模块可以实现对文本类型光谱文件的快速读取，还可以实现同时绘制多个样本的光谱图。

（二）数据预处理模块设计

数据预处理模块主要作用是去除噪声，寻找特征波长点或波长区间。该软件系统包含了均值中心化、标准化、平滑去噪、导数等预处理方法。

1.均值中心化

对某一个样本的光谱进行均值中心化变换指将该样本的光谱减去样本集中所有样本的平均光谱。将样本集中所有样本的光谱经过均值中心化变换后得到的新光谱矩阵列平均值为零。

假设校正集中样品个数为 n，光谱采集的波长点数为 m，由此得到的校正集样品光谱矩阵为 X，对矩阵 X 的均值中心化处理步骤如下。

首先计算校正集的平均光谱：

$$\overline{x}_k = \frac{\sum_{i=1}^{n} x_{i,k}}{n} \tag{3-22}$$

式中， $i=1，2，\cdots，n$，n 为校正集样品数；

$k=1，2，\cdots，m$，m 为波长点数。

然后通过式（3-22）得到均值中心化处理后的光谱 $x_{centered}$：

$$x_{centered} = x - \overline{x} \tag{3-23}$$

2. 标准化

标准化也称均值方差化，是将均值中心化处理后的光谱再除以样品光谱矩阵的标准偏差。

应首先计算校正集的平均光谱，再计算样品光谱的标准偏差。

3. 平滑去噪

平滑去噪法指采用固定宽度的窗口按照某个方向依次对所有波长点的光谱数据进行移动平滑。该方法的目的是通过平滑处理减少样品光谱数据中随机噪声的影响。常用方法如下。

移动平均法是采用具有一定宽度的窗口（$2\omega+1$），且窗口宽度为奇数，以窗口内所有数据的平均值代替窗口中心点的值，从左至右依次移动，直至完成对所有数据点的平滑，如式（3-24）所示。

$$x_{k,new} = \frac{1}{2\omega+1} \sum_{i=-\omega}^{+\omega} x_{k+i} \tag{3-24}$$

Savitzky-Golay 卷积法是一种基于局部多项式拟合的平滑处理算法。该方法与移动平均法的相同之处在于，其采用具有一定宽度的窗口从左至右依次对所有波长点的光谱数据进行平滑处理。区别是该方法中卷积平滑后每个波长点新的光谱数据不是对窗口内的所有数据直接进行取平均运算，而是通过最小二乘法对窗口内的所有光谱数据进行拟合，拟合系数为平滑系数，如式（3-25）所示。

$$x_{k,new} = \frac{1}{H} \sum_{i=-\omega}^{+\omega} x_{k+i} h_i \tag{3-25}$$

4. 导数

对样品光谱进行导数预处理首先需要选择合适的求导宽度 g，而求导宽度选择不当会引入新的误差。由于每一条光谱数据都是离散的，对离散的数据求导一般采用差分的方法。直接差分法的缺点是对于数据较少、分辨率较低的光谱数据，会引入较大的误差。

（三）波长变量和样本变量选择模块设计

1. 波长变量选择模块设计

筛选光谱变量主要是通过某种特定方法筛选部分特征波长或波长区间参与定量模型的建立，而不是采用所有波长点的光谱数据来建立定量模型。筛选光谱变量的优点是，可以减少参与建模的波长点数，筛选信息含量丰富的波长点数据参与模型的建立，提高模型的质量。相关系数法、连续投影法、无信息变量消除法、蒙特卡罗方法、间隔与移动窗口 PLS 法和遗传算法等都是较为常用的方法。在分析了各种方法的特点后，本系统采用的是相关系数法。

本软件系统采用的是应用较为广泛的相关系数法。该方法的原理是计算校正集光谱矩阵中每个波长点的所有样本光谱数据与相应的性质矩阵中每一个组分数据的相关系数，并绘制相关系数的变化图。通过每个波长点的光谱数据相关系数的大小就可以对该波长点所含有的信息量进行判断。在该软件中，可设定阈值，将满足阈值条件的波长点进行筛选组成新的校正集光谱阵。

每个波长点所对应的相关系数 R 由式（3-26）计算：

$$R = \frac{\sum_{i=1}^{n} (x_i - \overline{x})(y_i - \overline{y})}{\sqrt{\sum_{i=1}^{n} (x_i - \overline{x})^2 \sum_{i=1}^{n} (y_i - \overline{y})^2}} \tag{3-26}$$

2. 样本变量选择模块设计

筛选校正集样本是从所有校正集样本中选择代表性强的样本来参与模型的建立，这样既减少了建模的数据量，也方便模型的更新和维护。筛选出的校正集样品要能够以较少的样品数包含所有样品组成成分，并且其性质变化范围应尽可能地接近各组分的极限变化范围。校正样本的选择主要有随机选取样本（random selection）和 Kennard-Stone（K-S）方法。随机选取样本的方法很难找到较为理想的校正样品集，因此本系统也采用应用更广泛的 K-S 方法。

样本的欧式距离是 K-S 方法对样本变量进行选择的重要依据，另外 K-S 方法还考虑了样本的分散程度，具体算法如下。

设共有 z 个样本，要从中选出 n 个校正样本参与建模。

①计算校正集所有样本的欧式距离 d_{ij}，距离最远的两个样本 Z_1 和 Z_2 作为校正集的距离空间范围边界，首先被选中；

②计算其他 $z-2$ 个样本与边界样本 Z_1 和 Z_2 间的欧式距离，并各取其最小值 min (d_iz_1, d_iz_2)，其中最大值 max〔min (d_iz_1, d_iz_2)〕对应的样本 Z_3 为新的被选中的样本；

③计算其他 $z-3$ 个样本与所选择的这三个样本 Z_1、Z_2 和 Z_3 之间的距离并各取其最小值 min (d_iz_1, d_iz_2, d_iz_3)，然后选取其中最大值 max〔min (d_iz_1, d_iz_2, d_iz_3)〕对应的样本 Z_4 为新的校正样本；

④重复上述过程，直到选出 n 个校正样本，所有进入校正集的样本将在标识栏中显示"被选中"字符。

（四）主成分分析模块设计

1. 主成分分析的基本原理

主成分分析是由 Hotelling 于 1933 年提出的一种多元统计分析技术。该技术的主要原理是将含有较多重叠信息的原始光谱数据经过线性组合后得到数量较少的且相互无关的新光谱数据，新的光谱数据要尽可能多地包含原始光谱的数据信息，以达到数据降维的目的。

PCA 将原始的光谱矩阵 $X(n×m)$ 变换到新的坐标系统中得到新的光谱矩阵 T $(n×f)$，其中 f 为主成分数，且 $f < m$。PCA 对光谱数据进行分析变换的步骤是，将原始光谱数据向方差最大的方向，即第一主成分方向投影，得到第一主成分的得分向量，如果第一主成分包含的数据信息量不够，再将光谱数据向方差第二大的方向即第二主成分方向投影，依此类推，直到选出合适的主成分数。原始光谱矩阵 X 与变换后的新光谱矩阵 T 的关系如式（3-27）所示。

$$X_{n×m}=T_{n×f}\cdot P^{T}_{f×m}+E_{n×m} \tag{3-27}$$

式中， P ——主成分矩阵；

T ——得分矩阵；

E ——残差矩阵；

F ——主成分数。

2. 主成分分析算法

主成分分析算法很多，常用的有 Jacobi 法、非线性迭代偏最小二乘法（PLS）等。可以证明，对光谱矩阵 X 进行主成分分析等效于对 X 的协方差矩阵 $X^{T}X$ 进行特征向量分析，协方差矩阵 $X^{T}X$ 的特征向量便是 X 的载荷向量。根据此原理可以将矩阵 X 的主成分提取方法转化为对其协方差矩阵的特征向量分解。

假设校正集中含有 n 个样本，对该校正集采集 m 个波长点的光谱数据，得到的光谱矩阵 X 可写成式（3-28）：

$$X=\begin{pmatrix} x_{11} & x_{12}\cdots x_{1m} \\ x_{21} & x_{22}\cdots x_{2m} \\ \vdots & \vdots \quad \vdots \\ x_{n1} & x_{n2}\cdots x_{nm} \end{pmatrix} \tag{3-28}$$

（五）偏最小二乘法建模设计

1. 偏最小二乘法建模原理

偏最小二乘法与主成分分析对数据压缩的原理相似，不同的是主成分分析法对数据进行压缩时仅仅对光谱矩阵 X 进行线性组合，减少光谱矩阵 X 中各波长点所包含的互相重叠的信息，实现数据的压缩。这种方法的缺点是，在对数据进行压缩时没有考虑到性质矩阵 Y 中的重叠信息影响。偏最小二乘法对数据进行压缩的原理正是基于这一思想，在对光谱数据进行压缩时也对性质数据进行同样的处理，并且根据性质矩阵 Y 的影响，对光谱矩阵 X 进行压缩，避免丢失有用的信息。

①对光谱矩阵 X 和性质矩阵 Y 按式（3-29）和式（3-30）进行分解：

$$X = TP^T + E_X = \sum_{k=1}^{F} t_k p_k^T + E_X \tag{3-29}$$

$$Y = UQ^T + E_Y = \sum_{k=1}^{F} u_k q_k^T + E_y \tag{3-30}$$

②将 T 和 U 按式（3-31）和式（3-32）进行多元线性回归：

$$U = TB \tag{3-31}$$

$$B = (T^T T)^{-1} T^T Y \tag{3-32}$$

在对未知样本的性质进行预测时，首先计算未知样本光谱数据矩阵 $X_{新}$ 的得分矩阵 $T_{新}$，然后由式（3-33）即可对未知样本的性质数据进行预测。

$$T_{新} = T_{新} BQ^T \tag{3-33}$$

2. 偏最小二乘算法实现

在进行偏最小二乘法建模运算时，对光谱矩阵 X 和性质矩阵 Y 采用相同的算法进行处理。在计算所有主成分前，为了使光谱矩阵 X 的主成分与性质矩阵有最大的相关性，需要将二者的得分矩阵进行交换。这种方法可以同时考虑到所计算的主成分方差最大和主成分与性质最大限度地相关。方差最大可以尽量多地提取有用信息，与性质最大限度地相关则是为了尽量利用光谱数据与性质数据之间的线性关系。偏最小二乘算法有效地解决了主成分分析中由于没有考虑到性质数据的影响而有可能造成信息丢失的缺点。

（1）校准部分

①对光谱矩阵 X 和性质矩阵 Y 进行相同的预处理。常用的预处理方法有标准化、平滑去噪、导数等。

标准化处理的计算公式为式（3-34）

$$s_k = \sqrt{\frac{\sum_{i=1}^{n}(x_{i,k} - \bar{x}_k)^2}{(n-1)}}, x_{autoscaled} = \frac{x - \bar{x}}{s} \tag{3-34}$$

经过标准化处理后的光谱，每个波长点上所有样本的光谱数据平均值为0，方差为1。

②任取 Y 中的某列作为 u 的初始迭代向量。

③计算光谱矩阵 X 的权重向量 W。

$$W^T = u^T X / (u^T u) \tag{3-35}$$

$$W^T = W^T \| W^T \| \tag{3-36}$$

④求 X 得分 t:

$$T = XW / (W^T W) \tag{3-37}$$

⑤求 Y 的载荷 q:

$$q^T = t^T Y / (t^T t) \tag{3-38}$$

$$q^T = q^T / \| q^T \| \tag{3-39}$$

⑥求 Y 的得分 u:

$$u = Yq / (q^T q) \tag{3-40}$$

⑦由最后的得分向量 t 计算光谱矩阵 X 的载荷向量 p:

$$P^T = t^T X / (t^T t) \tag{3-41}$$

$$P^T = P^T / \| P^T \| \tag{3-42}$$

⑧将 t 和 w 进行标准化处理:

$$t = t \| P \| \tag{3-43}$$

$$w = w \| P \| \tag{3-44}$$

⑨计算 t 与 u 的关系 b:

$$b = u^T t / (t^T t) \tag{3-45}$$

⑩计算残差光谱矩阵 E_x 和残差性质矩阵 E_y:

$$E_x = X - tp^T \tag{3-46}$$

$$E_y = Y - btq^T \tag{3-47}$$

（2）预测部分

对于未知样品光谱数据 X_{new}，可按照式（3-48）给出预测结果

$$Y_{new} = b_{PLS} \cdot X_{new} \tag{3-48}$$

式中， b_{PLS}——回归系数;

$$b_{PLS} = w^T (pw^T)^{-1} q$$

上面所阐述的 PLS 在进行建模运算时每次只校正一种性质数据，称为 PLS1 方法。如果采用同样的算法同时对多种性质数据进行建模运算，称为 PLS2 方法。在 PLS1 方法中，在针对性质数据 Y 进行建模时，每一种组分数据的得分矩阵 T 和载荷矩阵 P 都是不同的，是针对特定数据的最优解；而 PLS2 方法对 Y 中所有组分性质数据进行建模时，采用同样的得分矩阵 T 和载荷矩阵 P，显然这样建立的模型对 Y 中所有性质数据都不是最优的选择，而且会降低预测精度。

第四章 印染水处理理论与技术

我国纺织工业量大面广，产生的废水数量多、浓度高，是对水资源构成严重威胁的工业污染源之一。在纺织工业废水中，印染废水污染最为严重。对于印染废水的治理一直是我国乃至全世界研究的重点课题之一。印染废水的治理技术主要有物理法、化学法、物化法、生化法等。随着科技的发展，染料的品种日益增多，染料的成分日益复杂，并且有着抗氧化、抗光解、色度高、浓度高的特点，这对印染废水的治理技术及工艺提出了越来越高的要求。

第一节 印染水处理概述

随着环保要求的不断提高和资源的日益短缺，水资源及不可再生资源的合理回收及二次利用成了环境治理的重要内容。在这样的背景下，大量的先进工程技术应用到废水治理工程中，特别是印染废水的脱色处理，成为近几年水处理工作者研究的重点，如开发高效的絮凝脱色剂，提高絮凝预处理工作能力。采用价格低廉、来源广泛的粉煤灰、炉渣来治理废水，不仅能大大降低废水的色度，而且对悬浮物 SS、COD_{cr} 的去除效果也很好，可达到以废治废、综合利用的目的。

一、纺织印染工业基本情况

纺织印染工业是我国传统的支柱产业之一，已有一个多世纪的发展历史，是我国民族工业中历史悠久的产业之一。我国的纺织工业属于传统产业，其高新技术含量相对较低。我国有较丰富的原料资源，有相对充足的劳动力。其各类产品价格相对较低，是我国出口最具有竞争优势的产业。目前我国纺织工业在国民经济和世界贸易中具有举足轻重地位。我国的棉纱、棉布、呢绒、丝织品、化纤产品和服装的产量均居世界第一位。我国是世界上最大的纺织生产大国。随着经济全球化、贸易自由化的加速发展，特别是我国加入世界贸易组织（WTO）后，我国纺织工业为了适应国际竞争的需要，将加快由纺织大国向纺织强国转变的步伐。纺织印染行业可分为棉纺印染行业、毛纺染整行业、丝绸印染行业和麻纺印染行业。其中棉纺印染行业的纤维加工量占纺织工业纤维加工总量的85%，其纱、布产品直接影响着棉印染、针织及最终纺织品的发展。

由于棉纺织印染产品量较大，其在发展的过程中又分为棉纺织行业及印染行业。棉纺织行业主要是将棉花纤维经过梳理，纺成纱，再由纱织成布，这种布又称为坯布，一般作为中间产品送至印染厂再加工，也有部分作为最后产品在市场上销售。而棉印染行业则将坯布加工成各种颜色的印花布和染色布，直接满足人们的衣着需要。棉印染行业主要产品为纯棉产品及棉混纺产品。纯棉产品具有柔软性和吸湿性，而合成纤维具有挺括、耐磨性能，棉混纺织物具有上述二者的优点。纯棉及棉混纺产品的纺纱和织造工艺一般在纺织厂完成，而印花和染色则在印染厂完成。纯棉及棉混纺产品，根据其织造方法不同，又可分为两大类，即梭织产品和针织产品。我国的棉印染行业在棉纺织行业发展的基础上，也获得了较大发展。据2000年统计，其生产量已达到160亿 m，全国平均达 13 m/ 人。

二、印染废水的现状及其所面临的环境问题

（一）印染废水的来源

随着工业技术的飞速发展和生产规模的不断扩大，我国的工业废水量日益增多，其中印染废水量约占总废水量的10%，每年有 6 ~ 7 亿吨印染废水排入水环境中。由于所加工的纤维原料、产品的品种、加工工艺和加工方式不同，废水的组分和性质变化很大。常用的纤维原料有棉花、羊毛、蚕丝、麻、涤纶、腈纶、维纶和粘胶纤维等。对于棉织物，采用的加工和染整工艺通常为退浆、煮炼、漂白、丝光、染色、印花和整理等工序；对于毛织物，其加工和染整工艺为洗毛、染色、洗呢、缩绒后冲洗、炭化后中和等；丝织物的加工及染整工艺为煮茧、缫丝、废茧处理、丝绸染整和印花等；亚麻织物的加工和染整工艺为浸解、洗染、漂白、染整和印花等；苎麻织物的加工和染整工艺为碱脱胶、酸洗、染整和印花等。印染废水主要来源于印染加工中的漂炼、染色、印花、整理等工序，而且各工序产生成分各异的污水，使得其成分复杂、色度深、碱性强、水量大，并含有毒、有害物质而严重污染环境。因此，印染废水的综合治理已成为当前亟须解决的问题之一。

印染各工序排出废水主要有八大类，其水质特点特性差异较大。

①退浆废水。退浆是用化学药剂将织物上所带的浆料退除（被水解或被酶分解为水溶性分解物），同时除掉纤维本身的部分杂质。退浆废水是有机废水，呈淡黄色，含有浆料分解物、纤维屑、酶等，废水呈碱性，pH 值为 12 左右，COD 和

BOD 含量约占印染废水的 45%。当采用 PVA 或 CMC 化学浆料时，废水的 BOD 下降，但 COD 很高，废水更难处理。PVA 浆料是造成印染废水处理效果不好的主要原因之一。

②煮炼废水。煮炼是用烧碱和表面活性剂等的水溶液，在高温（120℃）和碱性（pH=10～13）条件下，对棉织物进行煮炼，去除纤维所含的油脂、蜡质、果胶等杂质，以保证漂白和染整的加工质量。煮炼废水水量大，水温高，呈深褐色和强碱性（含碱浓度约为 0.3%）。煮炼废水中含有纤维素、果酸、蜡质、油脂、碱、表面活性剂、含氮化合物等物质，其 BOD 和 COD 值较高（每升达数千毫克），污染物浓度高。

③漂白废水。漂白工艺一般用次氯酸钠、过氧化氢、亚氯酸钠等氧化剂去除纤维表面和内部的杂质。漂白废水的特点是水量大，污染程度较轻，BOD 和 COD 均较低，属较清洁废水，可直接排放或处理后循环再用。

④丝光废水。丝光是将织物在氢氧化钠浓溶液中进行处理，以提高纤维的张力强度，增加纤维的表面光泽，降低织物的潜在收缩率和提高对染料的亲和力。丝光废水碱性较强（含 NaOH 3%～5%），多数印染厂通过蒸发浓缩回收 NaOH，所以丝光废水一般很少排出，经过工艺多次重复使用最终排出的废水仍呈强碱性，BOD、COD 和 SS 值均较高。

⑤染色废水。染色废水的主要污染物是染料和助剂。由于不同的纤维原料和产品需要使用不同的染料、助剂和染色方法，加之各种染料的上色率不同，染液和浓度不同，因此染色废水水质变化很大。染色废水一般呈强碱性，水量较大，水质中含浆料、染料、助剂、表面活性剂等，废水色度可高达几千度，COD 较 BOD 高得多，COD 一般为 300～700 mg/L，BOD/COD 一般小于 0.2，可生化性较差。

⑥印花废水。印花废水主要来自配色调浆、印花滚筒、印花筛网的冲洗废水，以及印花后处理时的皂洗、水洗废水。由于印花色浆中的浆料量比染料量多几到几十倍，故印花废水中除染料、助剂外，还含有大量浆料，BOD_5 和 COD_{cr} 都较高。印花废水量较大，污染物浓度较高，当使用重铬酸钾、滚筒剥铬进行印花滚筒镀铬时有铬酸产生。这些含铬的废水毒剂要单独处理。

⑦整理废水。整理废水水量较小，其中含有纤维屑、树脂、油剂、浆料、表面活性剂、甲醛等。整理废水数量很小，对全工序混合废水的水质水量影响也小。

⑧碱减量废水。碱减量废水由涤纶仿真丝碱减量工序产生，主要含涤纶水解物对苯二甲酸、乙二醇等，其中对苯二甲酸含量高达 75%。碱减量废水不仅 pH 值高（一般大于 12），而且有机物浓度高，COD 可高达 9 万 mg/L，高分子有机物及部分染料很难被生物降解，此种废水属高浓度难降解有机废水。

（二）印染废水的特征

总体上说，纺织印染废水具有如下特点。

— 103 —

①色度大，有机物含量高，除含染料和助剂等污染物外，还含有大量的浆料，废水黏性大。为此需要采用高效脱色菌、高效脱色混凝剂来进行脱色处理。

②水质变化大，COD 高时可达 2 000～3 000 mg/L，BOD_5 也高达 200～300 mg/L。

③碱性大，如硫化染料和还原染料废水 pH 值可在 10 以上。

④染料品种多，可生化性较差。染料品种的变化以及化学浆料的大量使用，使印染废水含难生物降解的有机物，可生化性差。

⑤由于加工品种及产量经常发生变化，水温水量的变化也较大。化纤织物的发展和印染技术的进步，新染料核心性助剂不断产生，废水中有机物结构越来越稳定，不易被坏，使得印染废水处理难度进一步加大。

（三）印染废水的危害

近年来，随着人们生活水平的提高和对美的追求，纺织品的产量和质量都有了大幅度的提高，染料正朝着抗光解、抗氧化和抗生物降解的方向发展。印染废水色度高、毒性强、水量大、可生化性差，从而使其的治理越来越难。印染废水对环境的污染也越来越严重。其污染物主要是各种纤维材料、浆料、染料、化学助剂、表面活性剂和各类整理剂等。

纺织废水的色泽深，严重影响受纳水体的外观。造成水体有色的主要原因是染料。目前全世界染料年总生产量在 60 万吨以上，其中 50% 以上用于纺织品染色，而在纺织品加工过程中，有 10%～20% 的染料作为废物排出。印染废水中的偶氮染料能使生物致畸、致癌、致突变。其初步降解后的产物多为联苯胺等一些致癌的芳香类化合物，毒性都较大，如酚类能影响水中各种生物的生长和繁殖，苯对人的神经和血管系统有明显的毒害作用。印染废水若直接排放，其较高的色度不利于水生植物的光合作用，进而减少水生动物的食物来源，对水生动物的生长不利，尤其是水中较高的氮、磷含量会使水体富营养化。在印染的过程中，因为活性染料染色需要添加大量的硫酸盐作为促染剂，所以印染废水中含有大量的硫酸盐，它在土壤中能转化为硫化物，引起植物根部腐烂，使土壤性质恶化。

此外，有些染料、固色剂、媒染剂、氧化剂等含有有害重金属离子，它们在自然界中能长期存在，并通过食物链等危及人体健康，如 Cr^{6+} 已被确认能致癌，汞能毒害人的神经系统，使脑部受损。世界上八大公害事件中的水俣病事件就是由汞中毒所致的，痛痛病事件则是由镉引起的。一般的酸、碱、盐等相对无害，但许多含氮、磷的化合物排放后会使水体富营养化、藻类疯长、鱼类难以生存。

三、印染废水处理技术的现状

印染废水水量较大，含有一定量残余染料和大量染色助剂，且含有一定量有害物质，这些残余染料和助剂构成废水中有机物的主要部分，并使废水带有特殊的颜色。由于生产的产品经常改变，废水的水质也经常发生变化。因此，其治理方法也是多种多样的。

（一）物理法

染整工业废水的物理处理法是借助于物理作用，分离和除去废水中不溶性悬浮物体或固体的方法。常用的物理方法有过滤法、沉淀法、吸附法、气浮法。

过滤法和沉淀法常用于印染废水治理的预处理阶段，主要除去污水中固体悬浮物和其他易沉淀杂质等物质，为后序工作做准备。

吸附法是利用多孔性的固体物质，使废水中的一种或多种物质被吸附在固体表面而去除的方法。吸附处理所用的吸附剂多种多样，工程中需考虑吸附剂对染料或助剂的选择性，根据废水水质来选择吸附剂。比如，目前国外主要采用活性炭吸附法处理含阳离子染料、直接染料等水溶性染料（分子量＜400）的废水，但它对胶体疏水性染料没有去除作用。印度人以当地一种农副产品可可壳的废料为活性炭源对印染废水进行了处理，被认为是一种经济的处理方法。此类方法的优点是对目标废水处理效果好，但再生困难，成本高，一般用于浓度较低的染料废水的处理或深度处理。据报道，将锯木屑经弱酸解再经焦化后制成吸附剂，可以用来处理多种废水，此方法效果好，但费用高，并且后处理难度大，易产生二次污染。VS型纤维和聚苯乙烯基阳离子交换纤维具有物理吸附和离子交换功能，且比表面积大、离子交换速度快，易再生，对难处理的阳离子染料废水有很好的脱色效果，但此方法的缺点是费用较高。用电厂粉煤灰制成具有絮凝性能的改性粉煤灰，对疏水性和亲水性染料废水均具有很高的脱色率，此法处理传统印染工艺废水，费用较低，脱色效果较好，但缺点是泥渣产生量大且处理困难。

气浮法是指通过各种形式的装置通入或产生大量微气泡，同时添加混合剂或浮选剂，使废水中细小颗粒形成的絮体与微气泡黏附，从而使絮体密度下降，并依靠浮力使其上浮，达到固液分离，净化废水。此方法常加入气浮剂，通过气浮除去染料离子和其他可溶性物质，具有处理效率高、适应性广和占地少等优点，对酸性染料、阳离子染料和直接染料等去除率较高。

（二）化学法

常用的化学方法主要有混凝法、氧化法、电解法，其中氧化法又分为化学氧化法和光催化氧化法。

混凝法是在废水中投加混凝剂后，采用混合、反应、沉淀或上浮工艺，使废水得到净化。该法利用混凝剂的凝聚作用，与废水中的有机质形成絮体，依照不同比重下沉或上浮，以达到去除污染物的目的。所用无机混凝剂多半以铝盐或铁盐为主，其中碱式氯化铝（PAC）的架桥吸附性能较好，而硫酸亚铁的价格最低。但此方法对印染废水中的阳离子染料基本无效，只有通过某些方式（如氧化）将其转化为阴离子和中性染料，才可去除。近年来，国外对高分子混凝剂（如聚丙烯酰胺）的使用日益增加，且有取代无机混凝剂之势，但在国内因价格原因，使用高分子混凝剂者还不多见。混凝法的主要优点是工艺流程简单、操作管理方便，设备投资少、占地面积小，对疏水性染料脱色效率很高；缺点是运行费用较高、泥渣量多且脱水困难、对亲水性染料处理效果差，色度去除率也不尽如人意。

化学氧化法是利用 NaClO、O_2、O_3、H_2O_2、ClO_2、高锰酸钾、空气等的氧化性，以过量的方式，破坏染料和有机有色污染物的发色共轭体系，以达到快速脱色的方法。一般用于其他方法难以处理而又急于脱色的高浓度、高色度废水。脱色的作用是"漂白"。目前已经开发出的一些方法（包括强化氧化法、二氧化氯法、空气催化氧化法、光催化氧化法等）对印染废水的 COD 及色度有较高的去除率，但影响这些方法推广的主要问题是其对设备要求比较高，从而使得处理成本过高，并且操作管理比较复杂，在中小企业难以实现。

光催化氧化法始于 20 世纪 50 年代，其利用某些物质（如铁配合物、简单化合物等），在紫外光的作用下产生自由基，氧化染料分子而实现脱色。该技术具有低能耗、易操作、无二次污染、可完全矿化有机物等突出优点。因此利用光催化的氧化作用进行废水处理是一种非常新颖和有前途的方法。X.Z.Li 和 Y.G.Zhao 采用好氧 TiO_2 光催化氧化工艺对纺织染料及后整理废水进行了处理，结果表明，色度几乎全部去除，COD 去除率高于 90%。有人研究处理偶氮染料染色废水发现，废水的脱色率、COD 去除率分别为 80% ～ 100% 和 48% ～ 75%。但是该法反应时间长，一般都在几个小时以上，费用高，并存在有效 UV 波长选择、UV 灯寿命短、反应器效率低等问题。

电解法处理废水无须使用很多化学药品，后处理简单，占地面积小，管理方便。该方法采用铁板、石墨、铝板等作电极，以 NaCl、Na_2SO_4 等废水溶液中盐分做导电介质，在电场作用下，对染料分子进行电解氧化、絮凝沉淀，即电解法和电气浮法，这两种方法对活性染料等可溶性染料染色废水均有良好的脱色效果，但对颜色深、COD_{cr} 高的废水处理效果较差。对染料的电化学性能研究表明，各类染料在电解处理时其 COD_{cr} 去除率从大到小的顺序为：硫化染料和还原染料＞酸性染料和活性染料＞中性染料和直接染料＞阳离子染料。

（三）物化法

印染废水处理中，常用的物化处理工艺主要是混凝沉淀法与混凝气浮法。此外，膜分离法、电解法、生物活性炭法和化学氧化法等有时也用于印染废水处理中。

混凝法是印染废水处理中采用最多的方法，可分为混凝沉淀法和混凝气浮法。常用的混凝剂有碱式氯化铝、聚合硫酸铁等。混凝法对去除 COD 和色度都有较好的效果。

混凝法可设置在生物处理前或生物处理后，有时也作为唯一的处理设施。混凝法设置在生物处理前时，混凝剂投加量较大，污泥量大，易使处理成本提高，并增大污泥处理与最终处理的难度。混凝法的 COD 去除率一般为 30% ～ 60%，

BOD_5 去除率一般为 20% ～ 50%。

　　作为废水的深度处理技术，混凝法设置在生物处理构筑物之后，具有操作运行灵活的优点。当进水浓度较低、生化运行效果好时，可以不加混凝剂，以节约成本；当采用生物接触氧化法时，可以考虑不设二次沉淀池，让生物处理构筑物的出水直接进入混凝处理设施。在印染废水处理中，多数将混凝法设置在生物处理之后，其 COD 去除率一般为 15% ～ 40%。

　　当原废水污染物浓度低、仅用混凝法已能达到排放标准时，可考虑只设置混凝法处理设施。

　　膜分离法是利用膜的微孔进行过滤，利用膜的选择透过性，将废水中的某些物质分离出来的方法。目前用于印染废水处理的膜分离法主要以压力差作为推动力，如反渗透、超滤、纳滤等方式。膜分离法是一种新型分离技术，具有分离效率高、能耗低、工艺简单、操作方便、无污染等优点。但由于该技术需要专用设备，投资高，且膜有易结垢堵塞等缺点，目前还未能推广。

　　（四）生化法

　　生化法是利用微生物的代谢作用来分解废水中的有机物的，即利用微生物酶来氧化或还原染料分子，破坏其不饱和键及发色基团，从而达到处理目的的一种印染废水处理方法。尽管印染废水的可生化性（BOD/COD_{cr}）差，含有有毒有害物质，但是仍可以通过优势菌种的选育，在适宜的环境中降解印染废水。由于生化法具有操作简单、运行费用低、无二次污染的优点，其在印染废水的处理中得到了广泛的应用。生物法的缺点在于微生物对营养物质、温度等条件有一定的要求，传统的生物法难以适应印染废水水质波动大、染料种类多、毒性高的特点；同时，还存在占地面积大、一次性投入大、对色度和 COD 去除率低等缺点。生物法处理印染废水的脱色率和去除率不高（一般不适宜单独应用），可作为预处理或深度处理。20 世纪 80 年代以来，随着纺织业的发展，随着新工艺及新技术的引入，新型染料和助剂等难降解有机物进入印染废水，使得废水的可生化性有所下降，废水水质复杂，色度高，传统的处理工艺已经难以适应印染废水的处理，因此近些年来国内外对传统工艺的改进工作投入了极大的热情并展开了广泛深入的研究，取得了很多成果，如好氧法有吸附－生物降解（AB）法、厌氧折流板反应器（ABR）法、LINED 法、氧化沟法、生物接触氧化法、射流曝气法等；厌氧法有升流式厌氧污泥床反应器（UASB）法、厌氧生物滤池（AF）法、厌氧折流板反应器（ABR）法等。以上各种工艺各有优点和不足。具体使用哪一种工艺需要根据设计要求和实际情况来确定。

　　1. 好氧法

　　常见的好氧法主要是活性污泥法和生物膜法。

　　活性污泥法是以细菌为主体，并混杂有污水，有机、无机悬浮物和胶体物质，还栖息有原生动物和后生动物的絮凝体。活性污泥法的原理是通过对废水中的有机物进行吸附、生理代谢和絮凝作用从而对有机物进行降解。活性污泥既能分解大量的有机物质，又能去除部分色素，还可以小量调节 pH 值，运转效率高且费用低，出水水质较好，因而在国内外被广泛采用。采用活性污泥法对毛纺织厂的生产废水进行处理，结果表明，COD、色度及毒性有机物的去除率分别达到80%、50% 和 75%，处理后的水质达到了回用要求。通过对国内 70 多个印染厂进行调查发现，活性污泥法的使用最为普遍。针对活性污泥运行中的异常情况，如污泥膨胀、污泥不增长或减少、泡沫问题等，国内外的学者通过近年来的努力探索与研究，已经找到了原因，并能很好地解决以上问题，如出现污泥膨胀时，可投加漂白粉或液氯，抑制丝状菌繁殖等。

生物膜法是土壤自净的人工化，是使微生物群体附着于其他物体表面上呈膜状，并让其和废水接触而使之净化的方法。利用生物膜净化废水的设备统称为生物膜反应器。根据废水与生物膜接触形式的不同，生物膜法可以分为生物滤池法、生物转盘法和生物接触氧化法。最新一代的生物滤池是塔式生物滤池，它属于超高负荷滤池，对水量、水质的突变适应性极强，并且设计上可以大大缩小占地面积，但建造费用高，仅适用于少量污水的处理。生物转盘又称半浸没式生物滤池，对它的研究主要集中在盘体的形状、效果、停留时间等方面。生物转盘的优点是生化过程更加稳定，生物膜表面积大，不会发生生物滤池中的滤料堵塞及活性污泥中的污泥膨胀等问题，忍受突变负荷的能力强，运转费用低于活性污泥法。但其占地面积较大，仅适用于较小水量的废水处理工程。生物接触氧化法是近年来发展非常快的一种浸没式生物滤池。它的原理是在池内设置填料，经过充氧的废水以一定速度流经填料，使填料上具备生物膜，废水与生物膜相接触，废水得到净化。生物膜所需的氧由曝气供给。此方法处理能力大，可节省用地；在附着于固体表面的生物膜中，生物相非常丰富，多种细菌和各种生长速度的微生物都能较好地生长，构成了一个比较稳定的生态系统，因而对冲击负荷有较强的适应性。在生物膜法中，微生物附着在固体滤料的表面形成生物膜，而不是像活性污泥法那样微生物悬浮在液体中以活性污泥絮体的形态存在，因此不存在污泥膨胀问题，能保证出水水质，而且微生物的组成有很大不同，较多的高营养级微生物决定了较少的剩余污泥量，不需回流，易于维护管理。其主要缺点是布气、布水不易均匀，填料较易堵塞。

2. 厌氧法

与好氧法一样，厌氧法也主要分为活性污泥法和生物膜法。厌氧法处理废水的机理可分为三个阶段：①水解阶段，此阶段将大分子有机物水解为小分子有机物；②产酸、脱氢阶段，产酸菌将小分子有机物转化成挥发酸、二氧化碳和氢；③甲烷发酵阶段，通过甲烷菌的作用，将短链挥发酸氧化成甲烷和二氧化碳。

相对于好氧法，厌氧法处理废水的应用范围更广，既可用于高浓度有机废水处理（不必稀释），又可用于中、低浓度的有机废水污水处理；有机污染物负荷率高，常为 $5 \sim 10$ kg COD（m^3/d），且污泥量少，仅为好氧法的 $1/6 \sim 1/10$；营养盐需要量小。其缺点是处理后的 COD、BOD 值偏高，水力停留时间较长，反应器容积庞大，还产生恶臭。

近年来，由于纺织产品结构的变化，染料的品种也发生了较大变化，印染废水中出现了较难降解的有机污染物质。此类物质可生物降解性能差。针对此情况，可采用厌氧－好氧处理方法，即先在厌氧过程中的产酸阶段，去除部分较易降解的有机污染物质，还可将较难降解的大分子有机物分解为较简单的小分子有机物，再通过好氧生物处理进一步去除。这种流程比单纯好氧治理方法在脱色效果、去除有机污染物能力上均有所提高。大量关于厌氧（水解酸化）—好氧处理印染废水的工艺屡见报道，结果表明，处理效果稳定，COD_{cr} 去除率均在 80% 以上。

四、几种新技术的应用

（一）湿式空气氧化技术

湿式空气氧化是一种能有效处理高浓度有毒有害废物或废水的方法。它是指在高温（$125 \sim 320$ ℃）、高压（$0.5 \sim 20$ MPa）条件下，在液相中，用氧气或空气作为氧化剂来氧化水溶解态或悬浮态的有机物或还原态的无机物。在传统的湿式氧化法基础上发展起来的超临界水氧化则氧化速度更快，效率更高。Moddle 等对有机碳含量为 27.33 g/L 的有机废水进行 SCWO 实验，在 550 ℃、60 s 内，有机氯和有机碳的去除率分别为 99.99% 和 99.97%。催化湿式氧化法能使反应在更温和的条件下和更短的时间内完成。以多孔黏土为催化剂用湿式氧化法在 200℃、O_2 为 2.65 MPa 条件下对某印染废水进行处理，COD 去除率和色度去除率分别达到了 82% 和 87%。但此类方法对设备材料要求高，一次性投资大，仅限于小流量的高浓度废水的处理，对于低浓度的废水则不经济，并且在湿式氧化过程中可能产生更大毒性的有机物。

（二）膜－生物反应器技术

膜－生物反应器技术是把生物处理与膜分离相结合的一种组合工艺。它以膜技术的高效分离作用取代活性污泥法中的二次沉淀池，达到了原来二次沉淀池无法比拟的泥水分离和污泥浓缩效果。近几十年来，许多学者对将其应用于印染废水进行了大量的研究和探索。应用膜反应器对综合废水进行处理，COD 去除率达 82%，BOD_5 去除率为 96%。膜－生物反应器不仅能高效地进行固液分离，得到可以直接回用的稳定出水，而且可在生物反应池内维持高浓度的微生物量，提高处理装置的容积负荷，节省占地面积。该工艺剩余污泥产量低。膜技术是一种较新的废水处理技术，之所以不能得到广泛应用，是因为该技术需要专用设备，投资高，且膜易结垢堵塞等。

（三）白腐菌强化技术

白腐菌处理染料废水技术是近几年来新兴的有效处理方法。它能通过白腐菌所分泌的特殊的降解酶系或其他机制将各种人工合成的染料彻底降解为 CO_2 和 H_2O，对脱色具有良好的效果。白腐菌在分类学上属于担子菌纲，腐生于树木或木材上，侵入木质细胞腔，释放降解酶，导致木质腐烂成白色海绵状团块。白腐菌降解染料废水的优势：①不需要经过特定污染物的预条件化；②对其他微生物拮抗；③细胞外降解；④降解底物的非专一性。对白腐菌的脱色性能的研究结果表明，白腐菌对多种染料具有很好的脱色效果。一些研究学者采用微电解－白腐菌生物降解－石炭絮凝系统对活性染料废水进行处理的试验结果表明，废水的 COD 去除率和色度去除率均在 95% 以上，出水水质符合废水排放标准。但是，白腐菌本身的一些特性也造成了实际应用中的诸多困难：一是白腐菌生长周期长，通常从接种到酶活最多需要 5 ～ 6 天，不利于废水处理的工业化；二是起脱色作用的主要为胞外酶，在实际废水处理过程中易流失；三是白腐菌 COD 的去除能力较差，必须和其他方法联合使用才能使废水达标排放。

（四）超声波气振技术

超声波气振技术是指废水经调节池加入选定的凝聚剂后进入气波振，在额定振荡频率的激烈振荡下，废水中的一部分有机物被开键成为小分子，在加速水分子的热运动下，凝聚剂迅速絮凝，废水中色度、苯胺浓度等随之下降，起到降低废水中有机物浓度的作用。张家港市九州精细化工厂用根据超声波气振技术设计的 FBZ 废水处理设备处理染料废水，色度平均去除率为 97.0%，COD 去除率为 90.6%，总污染负荷削减率为 85.9%。

超声波气振技术处理印染等难降解污水的特点是有机物的去除率高，设备占地面积小、操作简便，但装置昂贵、技术要求高，而且能耗较大，能量利用率不高。若要真正投入实际运行，还需进行大量的研究工作。

从今后发展看，印染废水治理的科研任务还很重。由于水资源的缺乏，废水处理资源化已提到日程上来，一些废水经处理后出水水质较好的工厂将经处理后的废水作为第二水源再进行深度处理，根据出水水质不同，再回到不同的用水部门。有条件的工厂都可开展这方面的工作。

今后印染废水处理新工艺、新设备的研究还逐步趋向于高效能、低能耗、技术先进、经济合理等方面。有效实用的脱色方法是今后的科研课题之一。同时，在治理过程中所产生的各种污泥的处理方法也将逐渐受到重视。

第二节　印染水处理中双向窄脉冲放电脱色理论与技术

脉冲放电等离子体水处理技术是一种新兴的水处理高级氧化技术。它是指在水处理反应器内放电产生低温等离子体，等离子体通道中的高能电子和活性物种（如自由基、活性分子等）与溶液中的有机污染物质产生作用，使有机污染物质发生降解反应，乃至完全矿化。该技术因其处理效率高、无选择性、不产生二次污染等呈现良好的应用前景，近来已成为该领域的研究热点。

一、放电低温等离子体水处理技术发展概况

所谓低温等离子体水处理方法或技术，就是指利用外加电场作用，在特定的低温等离子体反应器内，通过一系列的化学反应、电化学过程或物理过程，达到预期的去除水中污染物质的目的或效果。对污染物去除而言，去除率往往是重要的指标。

放电低温等离子体水处理技术的范围很广。广义上讲，它不仅包括放电作用产生臭氧，然后将臭氧用于水处理，而且包括直接用放电方法处理水。但狭义范围内，放电低温等离子体水处理通常指的是后者。

放电方法合成臭氧的原理是，含氧气体在放电反应器内所形成的低温等离子体氛围中，一定能量的自由电子分解氧分子而形成氧原子，之后通过三体碰撞反应形成臭氧分子，同时也发生臭氧的分解反应。臭氧水处理技术的发展历史较早，如利用臭氧作杀菌剂的最早实验是于 1886 年在法国进行的。1893 年第一套饮用水杀菌消毒装置问世并投入运行，处理水量为 3 m^3/h。自 20 世纪 70 年代后，美国、日本、法国、德国等在臭氧用于城市生活污水、工业废水处理方面进行了大量的研究。

经过多年的发展，臭氧在水处理领域的应用广度和深度都取得了很大进展。从最初的饮用水处理领域扩展到现在的给水处理领域（冷却循环水、半导体工业用水）、废水处理领域（生活污水、工业废水）、水产养殖用水领域、景观娱乐用水领域等。其功能也从单一的杀菌消毒发展成提高废水的可生化性或分解难去除有机物的一种高级氧化手段。臭氧水处理技术也和其他工艺过程联合或被集成到其他工艺过程当中，如臭氧—紫外光、臭氧—过氧化氢、臭氧—光催化、臭氧 - 活性炭 / 生物活性炭（GAC/BAC）、臭氧 - 活性污泥、臭氧—电解等。

与臭氧水处理技术相比，放电方法处理水技术起步则较晚。实际上，很早以前人们就注意到，脉冲放电具有破坏力。而对液中脉冲放电的系统研究可以追溯到 20 世纪 30 年代初，苏联科学家尤特金发现"液电效应"并将它应用于冲压、

破碎和铸件清砂等方面。到 20 世纪 50 年代，液中脉冲放电已经发展成为一门新的技术。现在水中脉冲放电已得到广泛应用，并已渗透到许多工业领域和科学领域，如液电成型、海洋电火花震源、体外冲击波碎石、液电清砂和清垢等。在机理的研究方面，对于液体绝缘击穿机理的研究，最早可以追溯到 20 世纪 50 年代。水介质的击穿研究最早是在 20 世纪 60 年代中期由马丁和他的同事们完成的。他们在室温和标准气压下做了大量实验，对水的电击穿强度进行了初步研究，得出如下结论：在时间小于 1 μs、电压约 1 MV 条件下，水的击穿场强由作用时间和有效作用面积共同决定。后来脉冲线的设计一般都用马丁的经验公式。水中脉冲放电现象是个十分复杂的过程，对于它的理论研究还很不成熟。水中脉冲放电的理论研究包括击穿机理、放电通道的等离子体性质、冲击波的形成和传播、放电过程与放电回路的关系等各个方面。目前人们仍然从上述各个过程的角度，试图探求水中脉冲放电击穿的机理并进行模型的研究。

将水中脉冲放电低温等离子体技术应用于水处理的研究，就目前的文献报道看，一般认为该技术起步远远滞后于液体的击穿机理的研究和液电效应的研究。随着人们对于水中脉冲放电导通机理认识的不断加深，液电等离子体的应用也在不断扩展。液中脉冲放电技术最早是由苏联开发的，首先由军队应用于水的消毒处理，后来美国将其应用在工业废水的处理上。1987 年克莱门茨系统地报道了水中针板电极的脉冲放电现象，获得了放电的发射光谱，详细研究了溶液的电导率、脉冲电压幅值和极性等对放电等离子体通道长度的影响，并对放电过程中生成的臭氧及放电作用引起的染料脱色进行了研究。所以目前大部分研究者认为，将水中脉冲放电用于水中污染物质去除和降解的研究始于克莱门茨的开创性工作，而在此之前的大部分的研究则重点集中在水中脉冲放电的物理效应上。

20 世纪 80 年代后期至 20 世纪 90 年代，日本、俄罗斯、加拿大、美国在此领域的研究较为活跃。研究侧重点不仅包含了水中放电的物理过程和化学过程，而且有关水中脉冲放电用于杀菌和水中脉冲污染物质降解的应用性研究也逐渐呈现。放电电极的配置形式由最初的点板式，发展到线筒式、板板式、环筒式等，放电模式也涵盖了电晕、流注、火花、弧光、辉光等。我国在这一时期的研究主要限于液中脉冲放电的"液电效应"相关的研究，主要的工作由中科院电工研究所开展。

进入 20 世纪 90 年代中期以来，环境污染的加重以及大量持久性有毒污染物质的存在，促使环保工作者开拓新的治理技术。而随着人们对水中脉冲放电等离子体研究经验的不断积累和对等离子体引发的物理化学过程认识的不断加深，脉冲放电低温等离子体水处理技术因其处理效率高、操作简单、与环境兼容等优点引起了研究者的广泛关注。这一时期研究文献大量出现，但大部分工作主要局限在日本、美国、俄罗斯、荷兰等国家。研究的重点逐渐从最初研究放电的物理化学过程阶段过渡到用放电方法去除水中单一污染物质的阶段。同时，在放电的影响因素、电源的形式、活性物种的测试、产物的收集以及鉴定等方面也取得了一定的进展。而随着电子束法和辐射方法水处理技术的不断的发展成熟，人们借鉴其中的物理化学机理，着手开发放电等离子体水处理反应器中的单一污染物质的降解动力学模型。在该领域开展研究较早的俄罗斯，随着技术的不断成熟，已逐步从实验室的研究阶段过渡到将该技术和其他工艺相结合进行工业性实验阶段。在这一时期，我国的研究学者也逐渐关注该领域的发展，并着手开展一些初步的研究工作。

近些年来，该领域发展迅速，成为环境保护领域的研究热点。我国的研究由最初的华中科技大学等高校及一些科研院所，迅速扩展到多家高校和科研院所等机构。国外在工业性实验的基础上，已经有产品出现。因此，从技术层面上讲，我国的发展仍然落后于国外。

二、放电等离子体水处理技术特点

高压放电等离子体水处理技术是众多高级氧化技术（AOPs）中的一种，它具有高级氧化技术的共性特征，如反应过程产生大量自由基、反应速度快、适用范围广、反应条件温和、可以诱发链反应、可以与其他技术联用、操作简单、易于设备化等。而且，放电等离子体水处理技术具有其他技术所不具备的鲜明技术特征：高电压脉冲技术有利于实现高能化；快速的脉冲放电，可对处理的液体介质施加很高的瞬时功率；液体介质中脉冲放电伴随的液电效应有光、热、力、声等物理效应及各种化学效应的协同作用。

基于上述这些特点，放电等离子体水处理法在多种污染物处理技术中显示出与众不同的特点，因此被称为"环境友好"技术，在众多高级氧化技术中，呈现出良好的应用前景。

三、放电等离子体水处理技术分类

放电等离子体水处理技术的范围很广，广义上讲，高压放电方法水处理可以划分为两类：一类是放电作用产生臭氧，然后将臭氧用于水处理；另一类是直接放电处理水。但是狭义范围内，说到高压放电水处理，通常指的是后者。直接的放电水处理，按照不同的标准，又可以细分为不同的子类。如按照供电形式，可以分成直流放电、脉冲放电、交流放电、高频放电等；按照电极配置形式，可以分成针板式、棒棒式、线板式、线筒式、环筒式、板板式；按照放电形式，分为电晕放电、流注放电、火花放电、弧光放电、辉光放电、混合放电；按照放电参与介质的多少，可以分成单纯液相放电（液电效应），气、液两项放电和气、液、固三相体系放电；按照放电的位置，分为液体中放电和液面上的放电；按照电极上有无介质，可以分成有介质覆盖的放电（DBD式）和无介质覆盖的放电。另外，气、液两相放电，按照气、液混合状态的不同，又可分为气体中的液滴（水雾）

放电和液体中气泡（包括泡沫）放电。脉冲放电，按照脉冲极性的不同，可以分成正脉冲放电、负脉冲放电、双极性脉冲放电，而双极性脉冲又可以分成指数衰减波和方波等。当然，以上各种分类形式可以相互交叉，形成不同的放电方式。

第三节　印染水处理中的超声波和 Fenton 氧化理论与技术

高级氧化技术是近年来应用到废水处理领域的新技术之一，是目前研究的热点。其中 Fenton 试剂氧化处理染料废水取得了一定的效果，但单独的 Fenton 试剂氧化存在一定的缺点，如 H_2O_2 的利用率不高；投加的亚铁盐较多，易被氧化形成沉淀造成二次污染等。超声波水处理技术是最近几年发展起来的新兴技术，具有降解条件温和、反应速度快和适用范围广等优点，但作为一种新兴技术和边缘学科，目前仍处在基础研究阶段。最近几年国内外部分学者开始研究超声波和其他方法的协同作用，但此类研究仍处在起步阶段。将超声波与传统的水处理技术相结合，很有可能为废水处理技术带来新的活力。本节将超声波与 Fenton 试剂氧化法结合起来，处理模拟染料废水——甲基橙溶液，研究该组合工艺对甲基橙的降解规律。

一、超声波和 Fenton 氧化技术概述

高级氧化工艺（简称"AOPs"）是 20 世纪 80 年代开始形成的一种技术。高级氧化技术主要的特点是通过反应产生羟基自由基（·OH），该自由基具有极强的氧化性，通过自由基反应能够将有机物有效地分解，甚至彻底地转化为无毒的无机物，如二氧化碳和水等。由于高级氧化技术具有强氧化性、操作条件易于控制等优点，因此引起国内外学者的重视，并相继开展了该方向的研究工作，取得了一定的进展。其中有些技术已经应用于很多领域的水处理中，包括净化饮用水、工业废水、地下水和垃圾填埋渗滤液等。

但就目前的实际应用情况来说，高级氧化技术也存在着一定的问题。比如，单一地使用此类技术彻底去除废水中的有机污染物，成本还比较高，与产业化应用还有一定的距离。采用高级氧化技术与生物技术的组合工艺，即利用高级氧化工艺的强氧化性使废水中的难降解有机物转化为易于降解的物质，然后进行生化处理，这样既能有效地提高处理效率，又能降低处理成本，将有非常广阔的应用前景。

概括地说，能够产生羟基自由基的工艺都可以划分到高级氧化技术的范畴，如臭氧氧化工艺、过氧化氢氧化工艺、二氧化氯氧化工艺、湿式氧化技术、光催化氧化、紫外辐射工艺、超声氧化工艺、微波工艺等。其最大的特点是使用范围广、处理效率高、反应迅速和二次污染小等。但高级氧化技术相对于其他水处理技术来说，还是一种新兴技术，其发展历史仅有 30 多年，其反应动力学、反应机

理和工程化等问题还需要进一步地探索和解决。

（一）超声波技术

超声波技术是一门以物理、电子、机械以及材料学为基础的通用技术。早在 1830 年，Savrt 用齿轮第一次产生 24 kHz 的超声，1927 年 Wood 和 Loomis 首次发表超声能量作用的试验报告，为今天的超声学奠定了基础。

利用超声波降解水中的化学污染物，尤其是难降解的有机污染物，是近年来发展起来的一项新型环境治理技术。该技术操作条件温和、降解速度快、适用范围广、可以单独或与其他水处理技术联合使用，是一种很有发展潜力和应用前景的技术。

1. 超声波的概念

当物体振动时会发出声音，每秒振动的次数称为声音的频率，单位为赫兹。我们人类耳朵能听到的声波频率为 $2 \sim 2 \times 10^4$ Hz，当声波振动的频率大于 2×10^4 Hz 或小于 20 Hz 时，我们便听不见了。

一般来讲，频率在 $2 \times 10^4 \sim 2 \times 10^5$ Hz 的声波被称为超声波。当声强增大到一定数量时，会对其传播中的媒质产生影响，使媒质的状态、组分、功能和结构等发生变化，我们将其统称为超声效应。当把超声波看成一种波动形式作为信息载体时，超声波仅为一种检测工具，称为检测超声。而当其作为能量形式作用影响改变媒质时，我们称之为功率超声。超声波在媒质中的反射、折射、衍射、散射等传播规律，与可听声波的规律并没有本质上的区别。但是超声波的波长很短，只有几厘米，甚至千分之几毫米。与可听声波比较，超声波具有许多特性。①传播特性。超声波的波长很短，通常的障碍物的尺寸要比超声波的波长大好多倍，因此超声波的衍射本领很差，它在均匀介质中能够定向直线传播，超声波的波长越短，这一特性就越显著。②功率特性。当声音在空气中传播时，推动空气中的微粒往复振动而对微粒做功。声波功率就是表示声波做功快慢的物理量。在相同强度下，声波的频率越高，它所具有的功率就越大。由于超声波频率很高，所以超声波与一般声波相比，它的功率是非常大的。

2. 超声波的反应机理

当超声波作用于介质时，会产生一定的理化效应，包括机械效应、热效应、空化效应、热解和自由基效应、声流效应、传质效应和触变效应等。其中最主要的为空化效应、热解和自由基效应，这两种效应是超声波起作用的最基本和最主要的原理。

（1）空化效应

由于超声的化学作用机制中作用于分子的能量是量子化的，而且液体介质中常用的超声波长为 $0.015 \sim 10$ cm，远远大于分子尺寸，能量很低，甚至不足以激发分子的转动，因而无法使化学键断裂而引发诱导反应，因此超声波促进化学反应并不是声场与反应物在分子水平上直接作用的结果。

超声空化是指液体中的微小气核在超声波的作用下被激活，它表现在泡核的振荡、生长、收缩、崩溃等一系列动力学过程。附着在固体杂质、微尘或容器表面上及细缝中的微小气泡或蒸汽泡，以及因结构不均匀造成液体内抗张强度减弱的微小区域中析出的溶解性气体等，都可以构成这种微小气核。超声波作为一种机械波进入液体媒质中，在媒质中传播时引起媒质分子在其平衡位置为中心的振动，这种周期性的波动对液体介质形成压缩稀疏作用，从而在液体内部形成过压位相和负压位相，达到一定程度时会使液体形态遭到破坏。在声波压缩相内，分子间平均距离减小；而在稀疏相内，分子间距增大。也就是说在声场作用下液体内部除静压（p_h）外还附加产生了一个声压（p_a），其中 $p_a=p_A\sin WT$（P_A 为声压振幅，W 为声波角频率）。声压大于静压时液体内部产生负压（$p_c=p_a-p_h$）。当负压足够大时，即当声波的能量大到足以使分子间距超过分子保持液态所必需的临界距离时，液体结构的完整性遭到破坏，导致在液体介质内部出现空腔或空穴。空穴一旦形成，它将一直增长至负声压达到极大值，在相继而来的声波正压相内，这些空穴又将被压缩，结果是一些空化泡将进入持续振荡，而另外一些空化泡将完全崩溃。

空穴效应可以产生小的爆炸声，于暗室外可以看到发光现象。在空化泡崩溃的极短时间内，其周围的极小空间范围内会产生 1 900 ～ 5 200 K 的高温和超过 50 MPa 的高压，温度变化率高达 10^9 K/s，并伴有强烈的冲击波和时速高达 400 km/h 的射流。这些条件足以打开结合力强的化学键，并促进水相燃烧、高温分解或自由基反应。例如，水分子中 O—H 键的键能为 119.5 kcal/mol（1 cal=4.18 J），在超声波作用下，会产生氧化性很强的羟基自由基，它可以有效地分解难降解有机污染物。瞬态空化发生时伴随的高温，为解释声致自由基及声致发光的机理提供了理论基础；而高压释放，即冲击波的形成，则可被看作超声增强化学反应活性（通过增强分子碰撞）和超声降解有机分子的直接原因。

（2）热解和自由基效应

进入空化泡的水蒸汽在高温高压下发生分裂和链式反应，产生羟基自由基，同时，空化泡崩溃产生的冲击波和射流，使羟基自由基进入整个溶液。溶液中有机物的声化学反应包括热解反应和氧化反应两种类型：疏水性、易挥发的有机物可进入空化泡内进行类似燃烧化学反应的热解反应；亲水性、难挥发的有机物在空化泡气液界面上或在液体中同空化产生的羟基自由基进行氧化反应。

3. 超声降解的影响因素

（1）超声功率的影响

大量研究结果表明，超声波频率的增加会导致介质中的空化气泡减少，从而进一步导致空化作用强度下降和超声波化学效应相应地减弱。当超声波的频率很高时，它会导致膨胀和压缩循环的时间非常短，从而使空化作用时产生的微泡不能长到足够大，以至于不能引起液体介质的破裂形成空化气泡。即使形成了空化气泡，这些空化气泡崩溃所需要的时间也比压缩半循环所需要的时间长得多。因此，当超声波的强度一定时，其频率越高，空化作用越小。

（2）超声功率强度的影响

影响超声波降解的另一个重要因素就是声能强度（单位为 W/cm^2）。一般来说，在超声频率一定的情况下，随着超声波强度的增加，超声的化学效应得到增强，其降解反应的速度也得到加快。一些研究发现，超声降解有机污染物的速率和超声波的强度成线性增大关系。当超声波的强度较低时（小于空化闭声压，约为 $1/3$ W/cm^2），较难产生空化作用，但当超声波的强度增加到一定的程度，即达到或超过空化阈声压时，就很容易产生空化气泡了，而且空气泡的溃陷也更为猛烈。同时，也有一些学者认为超声降解速率随着声强的增大有一极限值，当声强超过极值时，超声降解速率则会随声强的增大而减小。原因可能为，当声强增大到一定程度时，溶液与超声波的振动面之间产生了退耦现象，在振动面处产生了气泡屏，导致超声波衰减，降低了能量的利用率。

（3）温度的影响

溶液的温度也是影响超声波降解的因素之一。温度升高可以使溶液内气体的溶解度减小、表面张力降低以及饱和蒸汽压增大，从而降低了超声的空化强度，降低了反应速率。一般情况下，声化学速率随着温度的升高呈指数下降。因此，为了得到较好的处理效果，一般超声降解会在一个较低的温度（低于 20℃）环境下进行。这一点与其他在没有超声条件下进行的化学反应有着明显的不同。

（4）空化气体的影响

空化气体是指为了提高空化效应而溶解在溶液中的气体。溶液中是否含有气体、含有气体的种类以及含有气体的量等对超声化学效应也有较大的影响。一般来说，体系中的气体越多，越容易产生空化气泡。但气体对超声化学效应的影响比较复杂，在实际应用中，应根据具体情况具体分析。

（5）溶液性质的影响

溶液黏度、表面张力、盐效应以及 pH 值等溶液性质都会对超声的空化作用产生影响。首先，溶液黏度对超声的影响主要表现在：一是影响超声的空化闭值；二是能吸收声能。当溶液黏度增加时，超声在溶液中的能量在黏滞损耗下急剧衰减，溶液中的有效声能减少，使超声的空化闭值显著提高，发生空化现象变得困难，空化强度减弱，因此，溶液黏度太高不利于超声降解。

溶液表面张力对超声的影响主要是随着表面张力的增加，空化核的生成变得困难，但它爆炸时产生的极限温度和压力都会升高，有利于超声降解。在溶液中加入盐，能改变有机物的活度性质，可以改变有机物在气—液界面相与本体液相之间浓度的分配，从而影响超声波的降解速率。溶液的 pH 值对溶液的物化性质有着较大的影响，进而可以影响超声波的降解速率。许多学者发现，超声降解速率随着 pH 值的增大而减小，但也有一些学者得到了不同的研究结果。

（6）超声反应器结构的影响

反应器的结构与超声的传播和空化效应的强弱有着密切的关系，因此良好的反应器设计可以很好地降低处理成本。反应器设计的目的就是在恒定输出功率条件下尽可能提高混响场强度，增强空化效果，从而增大超声降解的效率。

（二）Fenton 氧化技术

1.Fenton 试剂简介

Fenton（芬顿）试剂是由 H_2O_2 与催化剂 Fe^{2+} 构成的氧化体系。1894 年，H .J. H. Fenton 在一项研究中偶然发现 Fe^{2+} 可以和过氧化氢促进苹果酸的氧化，这个发现促进了人们对 Fenton 试剂的研究，但当时的研究仅局限于有机合成领域。后人为了纪念这位科学家，将过氧化氢和亚铁离子组成的试剂命名为 Fenton 试剂。此后半个世纪中，人们对这种试剂报道不多，因为此试剂氧化性太强，不适合用作有机合成所需要的选择性氧化剂。但是进入 20 世纪 70 年代后，随着水环境污染成为世界性难题，而且当难降解的有机污染物大量出现在人们眼前时，Fenton 试剂重新回到科学家的视线中。因其在降解持久性有机物方面有独特的优势，用其处理持久性有机物的报道不断出现，该技术是一种不需要高温高压而且工艺设备简单的氧化技术，并且逐步发展为一门成熟的水处理技术。

2.Fenton 试剂氧化机理

近年来的研究表明，Fenton 反应的氧化机理是由于在酸性条件下，过氧化氢被分解产生了反应活性很高的羟基自由基（·OH），在亚铁离子的催化作用下，过氧化氢能产生两种活泼的氢氧自由基，从而引发和传播自由基链反应，加快了有机物和还原性物质的氧化。其一般历程为

$$Fe^{2+}+H_2O_2 \longrightarrow Fe^{3+}+OH^- + \cdot OH \qquad (4-1)$$

$$Fe^{3+}+H_2O_2 \longrightarrow Fe^{2+}+H^+ + \cdot O_2H \qquad (4-2)$$

$$RH+ \cdot OH \longrightarrow R \cdot +H_2O \qquad (4-3)$$

$$R \cdot +H_2O_2 \longrightarrow ROH+ \cdot OH \qquad (4-4)$$

$$Fe^{2+}+ \cdot OH \longrightarrow OH^-+Fe^{3+} \qquad (4-5)$$

3. 类 Fenton 氧化

虽然 Fenton 反应有着诸多的优点，但也存在着一些问题。比如，该系统需要消耗大量的亚铁离子，处理后的水可能略带颜色；过氧化氢的利用率较低；需要较低的 pH 值反应条件等。这些缺点在一定程度上阻碍了该系统的发展。

为了解决这些问题，近年来，有些学者把臭氧、氧气和紫外光（UV）等引入 Fenton 试剂中，不但增强了 Fenton 试剂的氧化能力，也节约了过氧化氢的用量。由于这些方法中过氧化氢的分解机理与 Fenton 试剂极其相似，都产生了羟基自由

基，因此将这些改进了的 Fenton 试剂统称为类 Fenton 试剂，主要有以下几个系统。

（1）H_2O_2+UV 系统

在过氧化氢中直接引入紫外光组成该系统，其过氧化氢分解的机理为

$$H_2O_2 \longrightarrow 2HO \cdot \tag{4-6}$$

$$HO \cdot + H_2O_2 \longrightarrow HOO \cdot + H_2O \tag{4-7}$$

$$HOO \cdot + H_2O_2 \longrightarrow HO \cdot + H_2O + O_2 \tag{4-8}$$

相对于 Fenton 试剂，H_2O_2+UV 系统的特点为，由于无亚铁离子对过氧化氢的消耗，对过氧化氢的利用率较高；同时该系统的反应条件不受 pH 值的影响，适用的范围较 Fenton 试剂广。但该系统反应的速度较慢且处理效果并不是特别明显。

（2）H_2O_2+Fe^{2+}+UV 系统

H_2O_2+Fe^{2+}+UV 系统主要是在 Fenton 体系中加入紫外光，利用紫外光的协调作用来增强 Fenton 试剂的氧化能力。这种系统其实是 H_2O_2+Fe^{2+} 和 H_2O_2+UV 两种系统的组合。研究发现，该系统与上述这两种系统相比具有明显的优点：一是亚铁离子的用量较少，这样可保持过氧化氢有着较高的利用率；二是紫外光和亚铁离子在催化过氧化氢分解时具有协同作用，使过氧化氢的分解速率远远大于两者单独反应时过氧化氢分解速率的简单加和。主要原因是铁的一些羟基配合物在紫外光照射下发生光敏反应生成 $\cdot OH$ 等自由基，如

$$Fe(OH)^{2+} \longrightarrow Fe^{2+} + \cdot OH \tag{4-9}$$

（3）引入氧气的 Fenton 系统

引入氧气的 Fenton 系统主要有 H_2O_2+Fe^{2+}+O_2 及 H_2O_2+Fe^{2+}+UV+O_2 等系统。氧气的引入对于水中有机污染物的氧化分解是有效的，可以节约过氧化氢的用量。由于利用了空气中廉价的氧气作氧源，Fenton 试剂的处理成本得以降低。氧气参与 Fenton 反应的机理主要有以下两点。

①氧气在紫外光的条件下可生成臭氧等次生氧化剂氧化有机物。

②氧气通过诱导自氧化加入到 Fenton 反应的反应链中，如

$$R \cdot + O_2 \longrightarrow ROO \cdot \longrightarrow R=O+HO+Fe^{3+} \tag{4-10}$$

Fenton 试剂和类 Fenton 试剂作为一种氧化剂用于去除废水中的有机物有其独特的优点，目前存在的主要问题是成本太高。但对于一些毒性大、一般氧化剂难以氧化或者难以生物降解的有机废水，该方法仍不失为一种较好的方法。

二、超声 -Fenton 体系对甲基橙模拟染料废水的处理

采用 Fenton 氧化处理印染废水取得了较好的效果，但仍存在着较多的不足之处。比如，过氧化氢的利用率不高；在反应体系中投加的亚铁盐的量较多，以至于在反应中被氧化为 Fe^{3+}，并在中和阶段因沉淀产生大量的污泥等。而近几年声化学的研究正处于蓬勃发展的阶段，许多国内外的学者已经注意到超声波在降解有

机污染物方面的作用。同时一部分学者开始研究超声波和其他一些方法的协同作用，但此类研究仍然处在起步阶段。超声波与传统的水处理技术相结合，很可能为现代的水处理事业带来新的活力。

（一）超声波、Fenton 以及两者协同处理效果的比较

分别采用超声波、Fenton 氧化以及超声 -Fenton 组合协同处理的方式对甲基橙模拟染料废水进行处理。初始溶液浓度均为 100 mg/L，pH 值为 4，反应时间为 120 min。

研究结果表明，在色度去除率方面单独超声效果不明显，Fenton 反应在 40 min 后达到 90%，但随着反应继续，色度去除率缓慢下降，原因可能为，投加的少量 Fe^{2+} 转化为 Fe^{3+}，颜色加深。而超声和 Fenton 组合在 10min 左右色度的去除率就达到了 90%，大大加速了色度的去除，且随着反应的继续并没有发生明显的色度去除率下降的现象。超声 -Fenton 法处理甲基橙溶液的脱色效率较 Fenton 法高，这是由于在超声波作用下，溶液内部产生的空化气泡在崩溃时伴随着强烈的冲击波和微射流等现象，造成了局部剧烈湍动，从而强化了均相体系的传质速率，加快了溶液脱色。

在 COD 去除方面单独超声的去除率为 9%，单独 Fenton 的去除率为 69%，两者组合的去除率为 83%。可以看出，超声可以促进 Fenton 反应的进行，两者的叠加效果比单独的超声和 Fenton 算术之和提高了 5%。由此可以看出，超声和 Fenton 有一定的协同作用。

（二）各因素对超声 -Fenton 体系的影响

1. pH 值的影响

配制 100 mg/L 的甲基橙溶液若干，分别调节 pH 值为 1、3、4、5、7 和 9，加入一定量的过氧化氢和硫酸亚铁，投加量分别为 400 mg/L 和 8 mg/L，将混合溶液加入反应器中打开超声波进行试验，观察 pH 值对色度和 COD 去除率的影响。

实验结果表明，色度去除率和 COD 去除率都是随着 pH 值的逐渐增加先升高后降低，最佳 pH 值范围为 3 ～ 4，其中 pH 值为 4 时取得最佳的处理效果，此时，色度降解了 95%，COD 降解了 83%。由此说明，该组合工艺反应适合在酸性条件下进行，在碱性条件下受到抑制。原因是在酸性条件下 Fenton 试剂能够产生更多的羟基自由基，而在碱性条件下 Fe^{2+} 容易形成氢氧化物沉淀，失去催化能力，导致该系统的氧化能力下降，影响处理效果。

2. H_2O_2 投加量的影响

配制 100 mg/L 的甲基橙溶液若干，调节 pH 值为 4，加入一定量的硫酸亚铁，使 Fe^{2+} 的浓度为 8mg/L，分别加入不同量的 H_2O_2，使其投加量分别为 100 mg/L、200 mg/L、300 mg/L、400 mg/L、500 mg/L 和 600 mg/L，观察 H_2O_2 投加量对色度和 COD 去除率的影响。

实验结果表明，随着 H_2O_2 投加量的增加，色度和 COD 的去除率也逐渐增大，当 H_2O_2 投加量为 200 mg/L 时，色度的去除率已达到 80%，再增加 H_2O_2 的投加量，色度的去除率增加缓慢。当投加量为 400 mg/L 时，COD 的去除率达到最大，为 83%。随着 H_2O_2 投加量的增加，色度和 COD 的去除率不再增加，甚至有所下降。因为 H_2O_2 在低浓度时，羟基自由基的生成的量随 H_2O_2 质量浓度增大而增加（$Fe^{2+}+H_2O_2 \longrightarrow Fe^{3+}+\cdot OH+OH^-$），但过量的 H_2O_2 也是自由基的俘获剂，过量的 H_2O_2 与羟基自由基（$\cdot OH$）发生反应（$H_2O_2+\cdot OH \longrightarrow H_2O+HO_2^-$），使 H_2O_2 和 $\cdot OH$ 的有效使用量降低，抑制了 $\cdot OH$ 的产生，继而降低了 Fenton 试剂氧化效率。虽然生成的 HO_2^- 也是一种氧化剂（氧化还原电位 1.70 V），但是其氧化能力远不及 $\cdot OH$（氧化还原电位 2.80V）。因此，H_2O_2 的最佳投加量为 400 mg/L。

3. H_2O_2/Fe^{2+} 构成的影响

配置初始浓度为 100 mg/L 的甲基橙溶液，调节其 pH 值为 4，加入一定量的 H_2O_2，使其投加量为 400 mg/L，分别加入不同量的硫酸亚铁，使 H_2O_2/Fe^{2+} 质量比分别为 50 ∶ 1、50 ∶ 2、50 ∶ 3、50 ∶ 4、50 ∶ 5 和 50 ∶ 6。观察 H_2O_2/Fe^{2+} 质量比对色度和 COD 去除率的影响。

实验结果表明，色度和 COD 的去除率都随着 H_2O_2/Fe^{2+} 质量比的增加而先增加后降低。当 H_2O_2/Fe^{2+} 质量比为 50 ∶ 4 时色度和 COD 的去除率达到最高，分别为 94.5% 和 83%。随 Fe^{2+} 投加量的增加，色度和 COD 的去除率都是先逐渐升高后降低。原因可能是在低的 Fe^{2+} 浓度下，Fe^{2+} 在反应体系中起着积极的作用，而过高的 Fe^{2+} 浓度会使其和羟基自由基发生副反应（$Fe^{2+}+\cdot OH \longrightarrow Fe^{3+}+OH^-$），而使羟基自由基的浓度有所降低，从而使其氧化作用减弱。因此，最佳 H_2O_2/Fe^{2+} 质量比为 50 ∶ 4。

研究发现，在超声波的作用下，该体系处理甲基橙染料模拟废水比 Fenton 体系达到最佳的处理效果所需的 Fe^{2+} 投加量稍微有所下降，Fenton 体系需要 10 mg/L，超声 -Fenton 体系需要 8 mg/L，下降幅度并不大。

4. 原水浓度的影响

从试验结果中可以看出，该体系对甲基橙的处理效率随着原水浓度的增加而有所降低。COD 和色度的去除率都随着初始浓度的增加而降低，浓度越高去除率越低。在低浓度（10 mg/L）时色度和 COD 的去除率都在 90% 以上，当原水浓度增加到 500 mg/L 时，色度去除率下降为 78%，COD 去除率降到 68.6%。用 UV/Fenton 试剂法处理含伊文思蓝（偶氮蓝）染料模拟废水时也有类似的规律，偶氮蓝的初始浓度越高，其色度去除率越低。

超声 -Fenton 体系对浓度为 500 mg/L 甲基橙模拟废水的处理效率（色度去除率为 78%，COD 去除率为 68.6%）要高于单独 Fenton 氧化法对相同浓度甲基橙模拟染料废水的处理效率（色度去除率 70%，COD 去除率 54.7%）。

5. 温度的影响

配制 100 mg/L 的甲基橙溶液，调节其 pH 值为 4，H_2O_2 和 Fe^{2+} 的投加量为 400 mg/L 和 8 mg/L，使反应分别在 20 ℃、30 ℃、40 ℃、50 ℃和 60 ℃的条件下进行。

实验结果表明，温度对反应的影响并不明显，随温度的升高色度的去除率几乎没什么变化。COD 的去除率在 30℃最大为 84%，随着温度的继续升高，COD 去除率逐渐降低，当温度升高到 60℃时，COD 去除率降低到 77% 左右。这是因为对于 Fenton 反应而言，温度的适当升高（20 ～ 50℃）有利于反应的进行，加快了反应速率，但如果温度继续升高，又会大大加速，如过氧化氢分解出 O_2 等副反应，使得 H_2O_2 的利用率降低，导致污染物的最终去除降低。而对于超声来说，反应一般在 20 ～ 35℃进行较为适宜。超声降解主要是由空化效应而引发的反应，水温超过此范围时，在声波负压半周期内会导致水沸腾，从而减小了空化产生的高压，同时空化泡也会立即充满水汽而降低空化产生的高温。因此采用超声 -Fenton 法处理甲基橙废水时，温度最好控制在 25 ～ 35℃。

6. 超声波功率的影响

本次进行了 200 W、300 W 和 600 W 三种超声功率的影响试验，频率都为 40 kHz。

配制 100mg/L 的甲基橙溶液，调节其 pH 值为 4，H_2O_2 和 Fe^{2+} 的投加量为 400 mg/L 和 8 mg/L，将其分别加入三种不同功率的超声波反应器中进行试验。

实验结果表明，随着功率的增大，色度和 COD 的去除率也是呈逐渐增大的趋势。在辐射频率和辐射面积一定的情况下，功率的增加就意味着声强的提高。声化学效应随着声强的增大而增大，而声强的大小与空化泡崩溃时的最高温度和最高压力有关，声强越大，空化泡的崩溃将变得更加激烈。从而使空化泡内的物理化学环境对甲基橙的降解更为有利，所以降解效率也会随之增加。用 20 kHz 超声清洗仪降解 CCl_4 水溶液时，发现在 1 ～ 24 W/cm^2 声强范围内，CCl_4 降解率随着声强的增大而呈线性增加。

三、超声波和 Fenton 氧化作用机理

超声波作为一种机械波进入液体媒质中，在媒质中传播时引起媒质分子在其平衡位置为中心的振动，这种周期性的波动对液体介质形成压缩稀疏作用，从而在液体内部形成正压相位和负压相位，达到一定程度时会使液体形态破坏。当负压足够大时，即当声波的能量大到足以使分子间距超过分子保持液态所必需的临界距离时，液体结构的完整性遭到破坏，导致在液体介质内部出现空腔或空穴。空穴一旦形成，它将一直增长至负声压达到极大值，在相继而来的声波正压相内，这些空穴又将被压缩，结果是一些空化泡将进入持续振荡，而另外一些空化泡将完全崩溃，同时形成了一种高温高压的特殊环境，为化学反应提供了有利条件。

在这种高温高压的环境下，水分子裂解产生了羟基自由基：

$$H_2O \longrightarrow \cdot H + \cdot OH \tag{4-11}$$

该自由基中含有未配对电子对，所以性质很活泼，具有很高的氧化性。它可在空化泡周围介质中与可溶性物质反应，形成稳定的最终产物。

Fenton 试剂的氧化原理主要是，该体系通过催化分解过氧化氢，使其产生羟基自由基进攻有机物分子夺取氢，将大分子有机物彻底分解为小分子有机物，甚至矿化为二氧化碳和水等无机物。其一般化学反应过程为

$$H_2O_2 + Fe^{2+} \longrightarrow Fe^{3+} + OH^- + \cdot OH \tag{4-12}$$

$$H_2O_2 + Fe^{3+} \longrightarrow Fe^{2+} + H^+ + \cdot O_2H \tag{4-13}$$

$$RH + \cdot OH \longrightarrow R \cdot + H_2O \tag{4-14}$$

$$R \cdot + H_2O_2 \longrightarrow ROH + \cdot OH \tag{4-15}$$

$$Fe^{2+} + \cdot OH \longrightarrow OH^- + Fe^{3+} \tag{4-16}$$

目前对超声协同 Fenton 反应机理的研究处在刚起步的阶段，还存在着一定的问题，如对中间产物的生成及其变化了解较少，对催化降解的详细过程较为模糊等。

超声协同 Fenton 氧化降解甲基橙溶液的作用机理主要是以羟基自由基的氧化反应为主。超声所起的协同作用主要体现在：一是超声波本身就可以和 H_2O_2 作用产生羟基自由基，这点可以很好地弥补单独 Fenton 反应 H_2O_2 利用率不高的缺点；二是超声波产生的空化泡在崩溃时产生的高温高压的特殊环境有利于 Fenton 反应的进行，同时在超声波的作用下增加了液体传质作用，使得各种反应物质能够更好地相互接触，提高反应效率。同时，通过高效液相色谱分析，定性研究了超声-Fenton 体系降解甲基橙的历程：在不同的 pH 值条件下，甲基橙降解可能存在两种不同的降解历程。

第五章 煤化工水处理理论与技术

煤化工废水属于高浓度难降解有机废水，目前普遍采用 A^2/O 工艺处理，但出水色度高，COD_{cr}、NH_3—N 常超标，水中仍有许多难降解的有害有机物，难以达标排放。因此，近年来，针对该类型废水的深度处理研究成为热点。深度处理在使出水达标排放的同时，可以减少水中有害物质，提高水回用率，具有广泛的生态意义和经济意义。

第一节 煤化工水处理理论与技术概述

随着我国经济的不断发展，石油和天然气的需求量急剧攀升，这给煤化工产业的发展提供了外部条件。然而，煤化工企业在生产过程中会产生大量的废水。这些废水成分复杂（以酚类物质为主），还含有多种有毒有害的抑制性污染物。如果处理不当，将会对环境造成重大的破坏。目前，对酚氨回收预处理后的煤化工废水最常用的处理工艺为缺氧 - 好氧工艺，但是出水效果不理想。

一、煤化工水处理概述

煤化工行业废水除锅炉废水和循环冷却水外，还包括各种工艺废水，由于工艺目标和处理技术不同，水的作用有很大差异，因此各个阶段废水的排放量和水质差异很大。

（一）煤化工产业发展形势

在当今世界，绝大多数国家的燃料和化工品都以石油和天然气为主要来源。然而，如我们所知，世界的石油和天然气储量只够维持 40 ～ 60 年，而煤炭的储量够使用 150 年以上。我国的能源状况也不例外。在世界已经探明的能源储量中，我国的煤炭、石油、天然气分别占世界的 15%、2.7% 和 0.9%。随着我国经济的飞速发展,对石油、天然气以及石化产品的需求量不断增加,使得我国的石油供应缺口逐年扩大,这不仅严重制约着我国经济的发展,还关系到国家的能源安全。因此,在这种能源形势下,充分认识我国的煤炭资源优势,合理发展煤化工产业,对于缓解我国石油、天然气等优质能源的供需矛盾将起到重要的作用。

(二)煤化工产业的发展

煤化工是煤炭的深加工产业,它是以煤为主要原料,经化学加工,将其转化成气体、液体和固体,并进一步加工成各种化工产品的过程。煤化工包括煤的一次化学加工、二次化学加工和深度加工。

传统的煤化工泛指煤的气化、液化、焦化及焦油加工、电石乙炔化工等,也包括通过氧化、溶剂处理原料煤来制取不同的化学品,以及以煤为原料制取碳素材料和煤基高分子材料等。目前煤化工的发展主要有煤炭焦化、煤气化和煤液化三条产业链。炼焦是煤化工生产技术中应用历史最为久远的工艺,至今仍然是煤化工产业的重要组成部分。煤的气化主要用来生产各种燃料气和合成气。燃料气主要用于为人们提供干净的能源,不仅能够提高人民生活水平,还可以减少燃煤对环境造成的污染。合成气主要用于合成各种化工产品。煤的液化可以生产人造石油和化学产品,在石油短缺时可以作为天然石油的替代产品。

传统煤化工是一种以粗放形式为主的煤化工发展方式,具有技术含量低、产品附加值不高的特点,同时能耗大,产生的污染物种类多,污染强度大,需要资源和环境付出巨大代价。随着社会的不断发展,这种传统的煤化工发展方式将被逐渐淘汰。

新型煤化工技术是一种煤炭洁净利用技术,它以煤气化为龙头,以碳化工艺技术为基础,合成、制取各种化工产品和燃料油。同时,它还可以与电热等联产,实现煤炭能源效率最高、有效组分最大限度转化、投资运行成本最低和全生命周期污染物排放最少的目标。新型煤化工技术与传统煤化工的主要区别在于,通过洁净煤技术、先进的煤转化技术以及节能、降耗、减排、治污、节水等新技术的集成应用,发展有竞争力的产品领域。随着经济的进一步增长以及人们对环境保护的重视,新一代煤化工技术将得到长足发展。

(三)煤化工产业发展面临的问题

随着现代煤化工技术的发展以及煤炭资源的合理开发,传统煤化工行业高能耗、高排放、低效益的问题逐步得到解决,环境污染问题成为煤化工行业发展的瓶颈。

煤炭的结构和组成非常复杂,其组成元素主要有碳、氢、氧、氮和硫,还有少量的氟、氯、磷和砷等元素,其组分中包括大量含硫、氯、氮等元素的有害物质,这使得在煤炭的利用过程中将产生诸多环境问题。煤化工行业的生产工艺流程多且复杂，耗水量巨大，每个环节都会有各种污染物产生，虽然大部分污染物可以进行回收，但废水中剩下的大多是有毒有害、难降解的污染物，稍有不慎还可能造成重大环境安全事故。

（四）煤化工废水简介

耗水量大是煤化工企业的一个显著特点，大型煤化工项目年用水量通常高达几千万立方米，吨产品耗水在十吨以上。因此，其产生的废水量也很大。

1. 煤化工废水的来源

煤化工企业的生产流程复杂，排放的废水主要来源于煤炼焦、煤气净化及化工产品回收精制等过程。根据煤加工过程的不同，煤化工废水主要分为焦化废水，气化废水和液化废水。

①焦化废水焦化废水主要是在煤的炼焦、煤气净化以及副产品的加工和精制过程中所形成的废水。在这些过程中，原料煤中所含有的各种复杂的物质，凡能溶于水或微溶于水的，均有可能通过上述过程进入焦化废水中，形成含氨的高浓度酚氰废水。焦化废水中的主要污染物为酚类化合物，同时含有氨、氰化物、硫氰化物、多环芳香族碳氢化合物、含氮的多环芳香族化合物以及含氧和硫的杂环和无环化合物。

②气化废水。煤的气化过程是在煤气发生炉中进行的。它是以煤为原料，在高温条件下利用空气作为气化介质，通过化学反应将煤中的可燃物质转化为 H_2 和 CO 等气体燃料的过程。气化废水包括煤气冷却和净化过程中的冷凝液以及副产品加工的分离水。这些水主要来源于煤中所含的水和蒸汽，以及反应生成水。

③液化废水。煤的液化有两种技术路线，直接液化和间接液化。直接液化是指在高温高压的条件下，通过加氢使煤中复杂的有机高分子物质直接转化为较低分子量的液体燃料的过程。该技术产生的废水量小，但是废水中硫化物、氨的浓度极高，毒性很大。间接液化是指在一定的条件下，利用催化剂的催化作用，将煤气化产生的合成气、合成燃料油和化工产品转化的过程。该技术排放的污染物主要存在于产品分离过程产生的废水。

2. 煤化工废水的特点

煤化工行业的生产工艺流程多而且复杂，耗水量巨大。由于加工工艺以及所用原料煤煤质的不同，每个生产环节都会产生大量成分复杂的废水，其中以高浓度的煤气洗涤废水为主，其中含有大量酚类、烷烃类、芳香烃类、杂环类、氨氮、氰等有毒有害物质。煤化工综合废水的 COD 浓度为 2 000 ～ 4 000 mg/L，BOD_5/COD_{cr} 为 0.25 ～ 0.35，总酚浓度为 300 ～ 1 000mg/L，挥发酚浓度为 50 ～ 300mg/L，氨氮浓度为 100 ～ 250mg/L，并含有少量的多环芳香族化合物、杂环化合物、石油烃和氰化物、硫化物等。同时，在煤化工废水中还含有 5- 降冰片烯 -2- 羧酸、2- 羟基 - 苯并呋喃、苯酚、苯 -1，8- 二胺等很多具有生色团和助色团的有机物，使得煤化工废水具有色度和浊度很高的特点。

煤化工废水是一种典型的高浓度有毒有害、难生物降解的工业废水，如果处理不当，很容易造成重大的环境安全事故。因此，寻求投资省、处理效果好、工艺稳定性强、运行费用低的废水处理工艺，最大限度地实现节水，已经成为煤化工发展的迫切需求。

煤化工废水主要以洗涤废水和含盐废水为主，根据传统煤化工和现代煤化工生产废水产生源可将煤化工废水来源分为以下三类。

（1）煤焦化废水

焦化废水是在煤制焦炭、煤气净化和焦化产品回收过程中产生的废水。其主要来源为剩余氨水（约占总废水量的70%）及其他生产过程中产生的废水，主要污染物有氨氮、焦油、硫化物、灰渣、酚类、苯类等（已测定的污染物有300余种），且水质水量波动较大，难降解有机物多，有毒有害物质成分复杂，尤其是低温干馏和中温干馏较为突出，其中 $NH_3—N$ 含量约在 500 mg/L 左右，甚至更高。

（2）煤气化（液化）废水

煤气化（液化）废水是煤炭经过气化、液化、净化过程产生的高浓度洗涤废水，主要有氨氮、硫化物、煤焦油、悬浮物、氰化物等成分。由于煤的气化工艺不同，其废水中的有机组分差别较大。一般而言，高温气化工艺产生的废水中有害成分较少，COD_{cr} 浓度较低，$NH_3—N$ 含量为 $100 \sim 200$ mg/L，易进行生物降解处理。中温气化（非常见工艺）所产生的废水中有害成分多且较为复杂，主要以酚类、煤焦油等物质为主，含量较高，通常的生化处理工艺处理效果不佳，需要物理汽提或强氧化剂参与的化学方法才能完成，处理成本较高。

（3）含盐废水

煤化工含盐废水主要是指脱盐水产生的浓盐水和循环水的排废水等公用工程系统产生的清洁废水（清净下水）。其水量占项目总排水量的 $50\% \sim 80\%$，且较为稳定，水质状况较好。其中，COD_{cr} 含量一般为 $80 \sim 150$ mg/L，$NH_3—N$ 含量极低，浊度相较其他废水而言较好，TDS 一般在 $1\,800 \sim 3\,000$ mg/L，可用于废水深度处理工艺进行回收再利用。

煤化工废水的主要特点如下。

①传统煤化工废水有机物污染程度较高，难降解成分复杂。一般情况下，$COD_{cr} < 7000$ mg/L，$NH_3—N < 500$ mg/L，$CN^- < 50$ mg/L，还含有酚类、多环芳香族化合物及含氮、氧、硫的杂环和无环化合物等，是一种典型的难降解有机废水。其中，易降解有机物主要有酚类和苯类化合物，可降解有机物有吡咯、萘、咪唑类等，难降解有机物有吡啶、咔唑、联苯等。

②现代煤化工废水因气化工艺不同，废水水质总体要较传统煤化工普遍偏好，但个别工艺除外（如聚甲醛项目等）。一般情况下，$COD_{cr} < 3\,000$ mg/L（聚甲醛

项目 COD_{cr} 为 4 000 ～ 10 000 mg/L），NH_3—N ＜ 300 mg/L，其他污染物浓度含量较低，B/C 值基本维持在 0.45 ～ 0.75，污染物可生化性普遍较好，但水量变化较大，有机污染物浓度受上游工艺运行影响变化范围大，在处理过程中对废水调节作用有一定的限制要求。另外，现代煤化工含盐废水排放量普遍较大，基本占项目总用水量的 20% 左右，废水水质较好，具备回收再利用的条件。

总之，煤化工废水根据生产工艺的不同，水质、水量及处理要求均有所不同。传统煤化工污染物种类繁多，具有代表性的特征污染物较多，有毒有害物质掺杂其中，存在一定数量的难降解有机物，对外排水质中的 COD_{cr} 和浊度均有较大影响。而现代煤化工（以煤制甲醇、烯烃为主）由于采用了不同气化工艺，提高了装置反应温度，使得在传统煤化工中产生的酚类、苯类、煤焦油等多环芳香烃化合物大幅下降，综合废水水质较易处理，有利于废水的回收再处理，实现"近零排放"目标。

3. 传统煤化工与现代煤化工的区别

（1）传统煤化工

在我国，传统煤化工占煤化工行业的 90% 左右，产能过剩问题正日益加剧。2013 年，我国焦炭、合成氨、甲醇产量再创新高，分别达到了 4.76 亿 t、5 645 万 t 和 2 879 万 t，产量高居世界第一，但产业结构相对分散、落后，竞争力较差。以焦炭为例，2013 年焦炭表观消费量基本与产量保持一致，但在 2013 年 3 至 10 月份，焦炭产量要略高于其表观消费量，且国家对雾霾的治理力度不断加大，导致大部分中小规模的钢铁企业纷纷关停，直接影响焦炭的消费水平。可见产能过剩问题已经存在，而且正在按比例增加。

（2）现代煤化工

在我国，现代煤化工正处于发展的初级阶段，建设的示范项目主要以煤制油、煤制烯烃、煤制甲醇、煤制聚甲醛等为主，多集中于北方煤炭资源储备充足的内蒙古、新疆、宁夏、山西等省份，大部分建设于"十一五"期间。截至 2010 年底，我国已建成 5 个煤制油示范项目，产能约为 168 万吨 / 年；3 个煤制烯烃示范项目，产能约为 158 万吨 / 年；1 个煤制乙二醇示范项目，产能约为 22 万吨 / 年。另据有关资料统计，目前"十二五"期间全国上报的煤化工项目共计 104 个，如果全部如期开工建设，投资规模将高达 2 万亿元；如果算上在建和现有煤化工产品产能，"十二五"末煤化工产品总产能将突破 2 亿 t。这样的生产规模和产能是世界上没有的。

正是由于现代煤化工的快速发展，许多企业纷纷投资于此，且在"十一五"末逐渐兴起了现代煤化工的投资热潮，从而导致现代煤化工发展项目重复，同质化竞争日趋严重，造成了发展方式粗放、产品结构单一、资源依赖偏重、生态脆弱缺水、高端人才短缺、创新能力不强等问题。因此，根据国家发改委和能源局联合发布的《煤炭深加工示范项目规划》和《煤炭深加工产业发展政策》要求，"十二五"期间国家仅批复了 11 个省区 15 个煤炭深加工示范项目，实际投资额将达到 8 500 亿元。有序发展现代煤化工已成为国家重点研究和发展的方向。

4. 煤化工环保问题

煤化工产业是能源、水资源消耗很大的产业，与同等规模的石油化工和天然气相比，其能耗及"三废"排放都明显偏高。其存在的环保问题主要表现在以下几方面。

（1）水资源消耗量大

据统计，生产 1t 合成氨需耗新鲜水约 12.5 m^3，生产 1t 甲醇需耗新鲜水约 15m^3，直接液化 1t 油需耗新鲜水约 7 m^3，间接液化 1t 油需耗新鲜水约 12 m^3。而我国煤化工项目大多数都建设在"多煤少水"的中西部地区，这些地区水资源极为匮乏。目前，我国 13 个大型煤炭基地总需水量为 296 万 m^3/d，现有供水能力为 152 万 m^3/d，每天缺水为 144 万 m^3。除云贵、两淮基地水资源丰富以外，其余 11 个基地均缺水，且水资源总体短缺。另据有关统计，"十一五"期间 32 个在建或投产煤化工重大项目及"十二五"15 个新建重大项目的年需水量合计 11.1 亿 t，折算为每天 304 万 t，相当于北京市 2012 年度全市中心城区的日供水能力。

目前，水资源不足已对煤化工项目有序发展构成威胁，而且煤化工的发展也对中西部地区的生态用水、居民用水等带来了隐患。仅采取提高水资源费等管理手段，已无法达到节水的目的。

（2）CO_2 排放量大

现代煤化工的 CO_2 排放量要比传统煤化工排放量大。根据物料衡算法追踪碳轨迹可知，不同规模的煤化工项目，生产 1t 甲醇排放 CO_2 2.5 ~ 24 t，生产 1t 二甲醚排放 CO_2 4 ~ 5 t，生产 1t 烯烃排放 CO_2 8 ~ 12 t，而生产 1t 煤制油品排放 CO_2 则为 6 ~ 9 t。另据中石化集团经济技术研究院测算，2015 年煤化工行业的 CO_2 排放量达到了 4.7 亿 t。如果按照财政部《碳税》研究结果和先行实施的低税率起征计算（10 ~ 20 元 / 吨），煤化工行业需缴纳的碳税费用高达 47 ~ 94 亿元，而且会逐年根据碳税税率的不断增加而扩大。

（3）固体废弃物产生量大

据有关资料统计，煤化工固体废弃物的产生量一般为 0.1 ~ 3 t/t（产品），有的在 3 t/t（产品）以上，甚至更高。其中，煤制甲醇固体废弃物产生量约为 0.54 t/t（产品），煤制烯烃固体废弃物产生量约为 2.73 t/t（产品），煤直接液化固体废弃物产生量约为 0.3 t/t（产品）。一般而言，危险废物约占总固废产生量的 20% ~ 50%（根据催化剂更换年限估算），以目前各地区危险废物处置能力来看尚能够基本满足，但也无法避免乱排、乱倒及非法处置的现象。以宁夏宁东（以煤化工为主导产业的能源化工基地）为例，2012 年，宁东的工业固体废弃物为 938

万 t，综合利用 394 万 t，综合利用率仅 42.0%；2013 年固废产生量为 1 040 万 t，综合利用率为 57.3%。有关统计数据显示，2015 年仅宁东工业固体废物产生量突破每年 2 000 万 t，预计 2020 年将达到每年 2700 万 t，而截至 2013 年底，宁夏通过资源综合利用认定的企业只有 45 家，年综合利用量仅 800 万 t。固体废物综合利用和污染防治形势较为紧迫，固体废物减量化、无害化和资源化处置任务依然艰巨。

综上所述，尽管煤化工行业固体废弃物产生量和 CO_2 排放量均较大，但这些都不是直接制约煤化工有序发展的主要问题，可在后续发展中进行技术开发与环境治理。而水资源的匮乏及供需不平衡已对煤化工行业发展起了决定性限制作用，是目前煤化工行业最为突出的问题，也是影响煤化工行业有序发展的关键问题。如何解决好水资源的再利用问题，就地转化和减少废水外排是值得我们继续深入研究和开发的，也是日后现代煤化工发展的必由之路，更是实现废水"近零排放"的唯一途径。

二、煤化工水处理常用技术

当前，煤化工废水处理基本秉承"预处理＋生化处理＋深度处理"的工艺设计原则和组合处理方法（废水三级处理工艺），对废水进行回收再利用，尽可能实现"近零排放"目标。一级处理即预处理，主要采用物理法或物理与化学法组合工艺处理废水中的大颗粒悬浮物、油类及氰化物等污染物。二级处理即生化处理，主要以生物法为工艺核心处理废水中的 COD_{cr}、NH_3—N、硫化物等物质和甲醛、芳香烃化合物等特征污染物。三级处理即深度处理，主要以物理法、化学法、物理和化学法的单一或组合工艺处理废水中的有机物、无机盐等物质，使得处理后的废水能够作为生产补水循环再利用。

根据处理作用，废水处理可划分为物理法、化学法和生物法三种，而近些年来物理化学法（利用物理化学原理形成的物理与化学方法的组合工艺）得到了广泛应用，已形成一整套关于该方法较为成熟的理论体系，从某种意义上可作为第四种处理方法。

（一）物理法

物理法利用物理或机械作用分离废水中的非溶解性物质，在处理过程中不改变污染物的化学性质。一般而言，物理法可分为重力分离和离心分离两种。其处理工艺相对简单，构筑物单一，处理成本较经济，主要适用于水体容量大、自净能力强、废水处理程度要求不高的废水处理，一般用于废水的一级处理（预处理），脱除水中的大颗粒物、油类等不溶性物质，为后续生化处理提供条件。常用的方法有气浮、重力沉淀、物理过滤（砂滤、压滤等）等。其中，气浮法主要用于预处理中含油废水的分离，有时也结合废水的生物和深度处理需求用于出水的脱色、消浊和再处理。

目前，电磁分离、超声波分离和等离子体技术也正处于实验室研究或工业化应用阶段，其中电磁分离已在钢铁等冶炼行业的废水处理中得到广泛应用，其他技术仍处于实验室研究阶段，尚未有大规模工业应用。

（二）生物法

生物法利用微生物的新陈代谢功能，将废水中呈溶解或胶体状态的有机物分解氧化为稳定的无机物质，使废水得到净化。按照微生物对氧气的生物需求，废水生物处理可划分为厌氧和好氧处理两大类，以及由其衍生出的兼性厌氧或好氧处理方法（如带有生物选择区的 CAST 工艺等）。其中，好氧处理主要以活性污泥和生物膜法为主，厌氧处理主要以厌氧消化为主，厌氧法污泥产生量最少，仅相当于好氧处法的 1/3。生物法具有废水处理成本低、技术控制相对容易、装置能耗低、污染物去除率高等特点，是目前废水处理应用最广泛的处理方法，也是废水处理技术的核心。常用的方法有活性污泥法、生物膜法、厌氧生物处理法等，另外还有一些不常用的生物处理方法。

1. 活性污泥法

活性污泥法是指以污泥为载体，经过长期驯化、培养而得到具有生物活性的絮状物质，其主要是以菌胶团为主的微生物群落，具有很强的吸附和氧化能力。一般情况下，好氧活性污泥法 COD_{cr} 要求控制在小于 3 000 mg/L，氨氮不宜超过 150 mg/L；厌氧活性污泥法 COD_{cr} 要求控制在小于 8 000 mg/L，氨氮不宜超过 500 mg/L。常见的处理工艺有序批式活性污泥法（SBR）及其改良后形成的循环式活性污泥法（CASS）和间歇式活性污泥法（CAST）、A/O 或 A^2/O 工艺、氧化沟等。

尽管活性污泥法在处理有机废水时，COD_{cr} 和 NH_3—N 去除率较高，但由于其受温度、pH 值、水力负荷等因素影响较明显，且当预处理效果不好时，抗冲击能力有限，将直接影响生化处理效果，从而导致污泥失活、泥量增大并出现丝状膨胀，恢复时间较长。因此，在废水处理设计和日常操作时，必须重视预处理效果并设置必要的应急缓冲和调节设施，提供可靠的监测手段，以保证生化处理能够正常进行，降低污泥失活风险。

2. 生物膜法

生物膜法主要利用微生物的附着、吸附、氧化和硝化作用，在一定形状的填料上形成可以去除水中溶解性有机物和胶体物质的一层生物膜。其由内到外分别进行厌氧和好氧处理，并在表面形成流动层，使老化的微生物随水流一并流走，满足微生物的生长与代谢需要。生物膜法对进水水质要求较高，一般适用于处理低浓度有机废水（厌氧浮动生物膜除外），主要用于废水深度处理的生化处理段，以去除 COD_{cr}。在实际应用中，由于其具有投资少、占地面积小、无须污泥回流、不会出现污泥膨胀、运行管理方便等特点，一般应用于中水回用系统的生化预处理阶段，常使用不规则多孔或蜂窝状塑料作为填料。常见的处理工艺有曝气生物滤池（BAF）、生物转盘和生物接触氧化池等。

3. 厌氧生物处理法

厌氧生物处理法是利用厌氧菌或兼性厌氧菌的作用，在无氧或微氧的条件下进行厌氧消化作用，使有机物在产甲烷菌、产酸菌的共同作用下，先后经历水解、酸化、产甲烷和产乙酸三个阶段后，逐步分解转化成甲烷和二氧化碳的过程。该方法主要应用于高浓度有机废水的可生化处理，具有污泥产量少、占地面积小、能够实现废物回收再利用等特点。同时，该方法可配合不同的活性污泥法联合处理煤化工（甲醇制甲醛、合成氨、煤焦化）、医药、造纸等行业产生的有机废水。常见的处理工艺有普通厌氧消化池（CADT）、厌氧接触工艺（ACP）、厌氧生物滤池（AF）、升流式厌氧污泥床（UASB）、厌氧生物流化床（AFB）等。

4. 其他生物处理方法及研究进展

固定化微生物技术是利用固定化技术将选定的微生物固定在载体上，使其进行大量繁殖并保持相应的生物活性的一种新技术，也可称之为单一菌种的生物增效培养。该方法有利于提高生化反应速率，缩短生化反应时间，从而大幅减少装置能耗，降低生产运营成本。目前，微生物固定化的方法主要有吸附法、交联法、包埋法三种。余志坚利用固定化生物活性炭技术提高了对甲醇废水中 COD_{cr} 和甲醇特征污染物的去除能力，甲醇去除率为 93.6% ～ 100%。

A/B 法是由传统活性污泥法逐步改进而来的两段式活性污泥法，主要用于高浓度有机废水的处理。来水直接进入 A 段活性污泥进行厌氧和微好氧生物处理，溶解氧一般控制在 0.5 ～ 1.0 mg/L，曝气时间控制在 30 ～ 60 min，污泥负荷较高。通过 A 段反应后的出水经过沉淀后进入 B 段进行好氧生物处理，溶解氧一般控制在 2 ～ 4 mg/L，曝气时间约 3 h。该方法不设初沉池，A、B 段均有独立的污泥回流系统，互不影响。

（三）化学法

化学法用物质间的化学反应作用来处理或回收废水的溶解物质或胶体物质。与其他处理方法相比，化学处理法能够较迅速、有效地去除更多的污染物，包括有毒物质、难降解有机物等。因其处理效果好，独立系统的药剂使用成本高，且污泥产生量大，一般主要用于生化处理后废水的再处理，即三级处理（深度处理），有时结合生产或设计实际也用于一级处理（预处理）的 pH 调节和大颗粒物质和胶体的去除。常用的方法有中和法、化学沉淀法、氧化法等。其中，中和法主要利用酸碱药剂对来水水质进行中和处理，以保证 pH 值符合后续生化处理的正常需要。化学沉淀法是指利用化学反应原理，向水体中投加化学药剂使其与溶解性物质发生化学反应，从而生成难溶于水的盐类物质沉淀并析出。该方法处理效果明显，但由于处理费用高昂，一般只用于对废水处理有特殊要求或小批量处理难降解的物质。氧化还原法是指向废水中投加氧化剂或还原剂，使废水中的物质被氧化或还原成无毒或低毒物质进行再处理。一般来讲，化学还原仅用于高价态有毒物质的还原与脱除，在煤化工行业应用较少。

目前，化学处理法主要偏向于高级氧化技术的开发与研究，已先后提出了均相催化氧化、光催化氧化、多相湿式催化氧化、超临界水氧化、电化学氧化等复合化学处理方法。这些方法大都存在运行成本高、药剂消耗量大等问题，所以一般都仅限于废水深度处理前的预处理，而不能在工业废水一级处理中得到广泛应用。

（四）物理化学法

物理化学法利用相变和传质的原理，使污染物从一相向另一相转移而达到去除的目的。该方法在实际应用过程中，常伴有由污染物引起的化学反应，这在一定程度上对污染物的非定向协同去除有较好作用，但对设备元件也有相当的损害。因此，该方法常用于生产原水和废水深度处理过程中的物理除盐。常用的方法有萃取、吸附、蒸发结晶、离子交换法、膜分离技术等。其中，膜分离技术由于兼有分离、浓缩、纯化和精制的功能，又有高效、节能、环保、分子级过滤及过滤过程简单、易于控制等特征，是目前分离科学中最重要的手段之一，也是当前物理化学法研究的重点。

第二节 煤化工水处理中催化臭氧化—生物组合理论与技术

煤制气工艺生成气中含有大量甲烷气体，同时包含氨、酚、焦油等难处理的副产品，导致产生的废水成分复杂，污染程度高，色度呈深褐色而且具有刺激性气味，直接排放会对人及环境产生极大的危害。单一的水处理工艺因具有技术局限性而不能彻底解决该类废水处理的难题，往往需要根据工艺特性进行组合和优化，才能够互相弥补技术缺陷，增强处理的效果，最终实现废水循环利用和"近零排放"目标。因此，根据工艺组合的角度和技术特点，可将其主要归纳为分离技术、生物技术和高级氧化技术。

一、生物脱氮工艺

（一）基于亚硝酸盐的脱氮

传统的生物脱氮通过硝化过程将有机氮转化为氨氮，然后转化为亚硝态氮和硝态氮，通过反硝化过程将硝态氮转化为氮气，将其从水中彻底去除，这一过程称为生物全程脱氮。在煤制气废水处理工艺常采用 A/O（Anoix-oxic）工艺和 A^2/O（Anaerobic-anoxic-oxic）工艺，其工艺原理是利用厌氧或者兼氧环境微生物将部分有毒和难降解物质转化为易生物降解的中间产物，再通过好氧微生物去除大部分有机物，同时回流硝化液在厌氧阶段进行反硝化脱氮处理。

事实上，从微生物转化角度考虑，氨被氧化为硝态氮和亚硝态氮的过程是由两类独立的细菌催化完成的两个不同反应过程，二者可以分离独立进行。因此，可以将硝化过程控制在亚硝态氮阶段，直接利用亚硝态氮作为电子受体进行反硝化生物脱氮，该过程称为生物短程硝化反硝化工艺。该工艺在理念和技术上突破了传统脱氮工艺的限制，减少了脱氮的过程，具有较多的应用技术优势。两者反应公式如下。

传统脱氮反应公式：

硝化：$NH_4^+ + 2\ O_2 \longrightarrow NO_3 + H_2O + 2H^+$

反硝化：$NO_3 + 4\ g\ COD + H^+ \longrightarrow 1.5g\ 污泥 + 0.5\ N_2$

总反应：$NH_4^+ + 4\ g\ COD + 2\ O_2 \longrightarrow 0.5\ N_2 + 1.5\ g\ 污泥 + H_2O + H^+$　　　（5-1）

短程硝化反硝化反应公式：

硝化：$NH_4^+ + 1.5\ O_2 \longrightarrow NO_2 + H_2O + 2\ H^+$

反硝化：$NO_2 + 2.4gCOD + H^+ \longrightarrow 0.5\ N_2 + 0.9\ g\ 污泥$

总反应：$NH_4^+ + 2.4\ g\ COD + 1.5\ O_2 \longrightarrow 0.5\ N_2 + H_2O + H^+ + 0.9\ g\ 污泥$　　式（5-2）

通过比较反应式（5-1）和式（5-2）可以看出，相比传统生物脱氮过程，短程硝化反硝化工艺节省了亚硝态氮转化为硝态氮过程，理论上需氧量降低了25%，进而大幅减少了该过程曝气量，而且亚硝酸盐直接还原为氮气所需的反硝化碳源降低了40%。这对于低 C/N 废水来说，可以显著减少外加碳源数量，大幅降低工艺运行的成本。同时，在该工艺中，亚硝化过程产生的污泥也减少了约40%，而且短程反硝化的速率是传统工艺的 1 ～ 2 倍，因此可以减少土建面积，降低废水处理建设费用。但是，由于亚硝态氮氧化菌引发亚硝态氮迅速地转化为硝态氮，因此实现高效稳定的亚硝态氮积累比较困难。通过控制工艺参数，营造选择性压力，保证氨氧化菌优势生长，抑制亚硝氮氧化菌繁殖，可以实现短程脱氮工艺的启动和稳定运行。其中，水中溶解氧是脱氮工艺硝化过程关键的影响因素，AOB 氧饱和常数一般为 0.2 ～ 0.4 mg/L，NOB 为 1.2 ～ 1.5 mg/L，因此 AOB 在低溶解氧浓度具有更强的适应能力，更容易实现快速积累。同时，研究者发现两类细菌对游离氨的敏感性明显不同，NOB 抑制浓度为 0.1 ～ 1mg/L。

（二）厌氧氨氧化生物脱氮工艺

厌氧氨氧化技术是一种完全自养的生物脱氮方法，在厌氧的条件下，厌氧氨氧化菌以亚硝态氮作为电子受体，将废水中氨氮和亚硝态氮直接转变为氮气去除。使用厌氧氨氧化技术进行脱氮不需要外加有机碳源，只有50%的氨氧化为亚硝酸盐并且具有较低的污泥产量，耗能和电子供体的减少意味着系统运行的可持续性提高。但是厌氧氨氧化工艺需要稳定的亚硝酸盐供给才可以实现高效彻底的脱氮，因此往往将该工艺与短程硝化技术相组合，在厌氧氨氧化工艺之前设置一个只有亚硝化的 SHARON 反应器即可实现亚硝态氮的持续稳定供应。经过近 20 年的发展，厌氧氨氧化工艺因其具有经济节约、高效稳定的优势已经成为废水生物脱氮领域重点研究的新型工艺之一。然而，实际生产中厌氧氨氧化反应器的启动比较困难，这是因为该类型菌群生长缓慢，对生长环境要求苛刻，接种污泥严重缺乏，所以该工艺基本处于实验室研究阶段，很难进行工程化规模的操作。少量的应用性报道主要集中在处理高氨氮和低 COD 的污泥硝化液或填埋场垃圾渗滤液处理等方面，而对工业废水的应用研究则少有报道，因此快速实现该工艺的启动以及适应具有一定有机物毒性的实际废水水质是其工业化推广亟须解决的问题。

二、非均相催化臭氧催化剂的制备及其特性表征

近些年，非均相催化臭氧化技术可以高效地矿化废水中难降解有机物，提高可生化性，因此成了高级氧化技术的研究热点。该技术成功解决了均相催化剂回收困难和金属离子二次污染等问题，具有实际工程应用的前景。然而，目前研制的催化剂往往制备工艺较为复杂，成本偏高，很难直接推广应用。因此，性能高效和成本低廉的催化剂制备是其研发重点。催化剂载体的选择是关键。在众多的催化剂中，活性炭因其较大的比表面积和化学稳定性以及合理的价格等优势，被广泛地作为载体进行催化臭氧氧化的研究和应用。另外，废水生物处理工艺产生的剩余污泥引起了社会的广泛关注，其每年产生干污泥量约 1 500 万吨，占我国固体废弃物年产总量的 3% 左右，而且这个数量还在逐年递增，如果不能妥善处理会造成严重的环境危害。目前，其处置的方法主要为填埋、农业应用、填海及煅烧等。这些方法尽管有效，却都具有技术的严重局限性。事实上，对于剩余污泥的处置最好的选择是进行资源化回收。该类污泥的本质是碳类物质，通过一些物理条件和化学试剂可以将其转换为类活性炭物质。目前，已有许多研究成功制备了污泥活性炭并进行吸附水中的污染物和重金属等，取得了良好的去除效果。而且，污泥基活性炭也具有作为臭氧催化剂载体的潜质。将其负载廉价的过渡金属氧化物来制备非均相臭氧催化剂，是一种环境友好和可持续的催化剂制备技术。然而，关于该类型的臭氧催化剂的制备研究较少，针对煤制气废水生化出水的催化臭氧化性能的研究还鲜见报道。

（一）催化剂形貌分析

相比原污泥光滑致密的表面，SBAC 的表面发生了明显的变化，孔隙和粗糙度明显增加。负载 Mn 和 Fe 氧化物的污泥基活性炭表面和内部均匀分布大量的微小金属氧化物颗粒，其中 MnOx/SBAC 分布的颗粒数量明显多于 FeOx/SBAC，这是由两者负载金属含量不同而决定的。其中 Mn 的氧化物多为非晶形簇状分布，而 Fe 的氧化物多为嵌入式分布。污泥经过 600 ℃ 高温煅烧后，活化剂 ZnCl$_2$（398.6 m^2/g）起到强烈的蚀刻作用，导致污泥基活性炭产生了较高的比表面积和微孔结构。此外，

$ZnCl_2$ 引发污水污泥中的聚合多糖等有机物裂解形成大量中孔，导致污泥基活性炭的微孔和中大孔体积以及平均孔径分别为 0.141 cm^3/g、0.221 cm^3/g 和 3.725 nm，属于典型的介孔特征。

（二）催化剂元素组成和晶体结构以及官能团特点

通过 XRF 对制备的两种催化剂金属氧化物负载量进行分析，Mn 和 Fe 的氧化物在各自催化剂中所占比例为 15.23% 和 7.51%。这部分金属氧化物的负载导致污泥基活性炭孔隙被堵塞，轻微地减少了两种催化剂的比表面积。MnOx/SBAC 和 FeOx/SBAC 的比表面积分别为 327.5 m^2/g 和 339.1 m^2/g，相对 SBAC 分别减少了 71.1 m^2/g 和 59.5 m^2/g。SBAC 的元素组成是以碳、氧和氮元素为主，其余的是一小部分的金属离子，如 Si（2.49%）、Al（1.74%）和 Fe（0.78%），这与污泥中含有较多生物工艺处理残余微生物和废水有机物的特性相吻合。相比于 Zn 在原污泥中只占 0.17%，SBAC 添加了 $ZnCl_2$，导致 Zn 含量上升至 1.29%。同时，金属氧化物的负载并没有导致 SBAC 其他元素组成的显著改变。而且，XRD 图谱表明，SBAC 在 23.5% 时具有较宽的峰，表明其具有类似活性炭的石墨结构，金属氧化物的负载并不会显著改变载体的结构。与 Mn 和 Fe 的氧化物 XRD 标准谱库比对发现，制备的两种催化剂负载金属氧化物 XRD 图谱与 Mn_3O_4 和 Fe_3O_4 标准图谱具有较为相似的衍射模式，因此认为催化剂表面主要形成了该类型多种价态的金属氧化物。

（三）催化剂吸附性能

首先考察制备的具有较大比表面积的臭氧催化剂对煤制气废水生化出水 COD 的吸附规律，进而分析其吸附性能。结果发现，随着吸附时间的延长，载体和制备的两种催化剂对废水 COD 的吸附量逐步增加（反应温度为 25℃，原水 pH 值为 6.5～7.5）。吸附反应进行 30 min SBAC，MnOx/SBAC 和 FeOx/SBAC 的吸附量分别由 0 增加至 33.3 mg/g、22.3 mg/g 和 20.1 mg/g，此后吸附速率大幅下降，在吸附 60 min 后接近其吸附平衡，此时的吸附量分别为 37.8 mg/g、27.8 mg/g 和 26.3 mg/g，继续延长吸附时间至 210min，吸附量仅增加了 10.2 mg/g、7.8 mg/g 和 6.7 mg/g。同时，SBAC 的吸附性能明显优于 MnOx/SBAC 和 FeOx/SBAC，这与其具有更高的比表面积直接相关。制备的载体和催化剂对废水 COD 的吸附去除效果都不够理想，接近吸附平衡时对 COD 的去除率分别为 25.2%、18.5% 和 17.5%。

（四）催化剂浸出液重金属特性

废水处理过程产生的剩余污泥中可能含有大量的重金属离子，会对环境造成危害。基于安全角度考虑，对制备的催化剂以及载体浸出液重金属浓度进行了考察，发现六种主要重金属离子浓度（Cr、Cu、Cd、Zn、As、Pb）均低于《危险废物鉴别标准　浸出毒性鉴别》（GB 5085.3—2007）规定的允许浸出浓度，这表明制备的催化剂以及载体在废水处理中不会产生二次毒害，可以作为安全的催化剂长时间应用于催化臭氧处理废水的实际工程。相对于原污泥，高温活化过程在一定程度上固化了重金属离子，降低了其在浸出液的浓度（除了 Zn）。而添加了活化剂 $ZnCl_2$ 导致催化剂的浸出液中 Zn 离子浓度出现小幅增加，但是该浓度仍为较低的重金属浓度，符合国家的排放标准，更多的 $ZnCl_2$ 可以通过回收进行重复利用（回收率在 70% 左右），节省催化剂制备工艺的成本。而且，少量的金属离子溶出可以充当后续生物工艺中微生物所需的微量金属元素，可以促进微生物的繁殖，有利于生物工艺高效处理效能的实现。但是连续的长时间使用对金属离子的溶出具有显著的影响，可能会对生物工艺产生负面的影响。

（五）催化剂稳定性

催化臭氧氧化技术的实际应用要求催化剂维持长时间高效的催化活性，因此，有必要对制备的催化剂连续催化过程的稳定性进行分析。相比于新鲜的催化剂，经过十次连续的催化臭氧氧化反应过程（每次反应 60 分钟，反应条件为臭氧和催化剂投加量分别为 0.3 g/h 和 1 g/L，以及原水温度和 pH 值），催化剂的催化活性并没有明显的下降，其中 SBAC 催化体系 COD 去除率下降了 11.1%，MnOx/SBAC 和 FeOx/SBAC 平均下降了 5.4%，该催化过程 COD 的去除率均高于 65%（除了 SBAC 为 41%）。结果表明，制备的催化剂催化臭氧氧化煤制气废水具有长期的稳定性。

此外，催化臭氧氧化过程中催化剂负载的金属离子溶出也是其稳定性的重要指标，溶出的金属离子会减弱催化剂活性，更会对受纳水环境产生二次污染。随着催化臭氧氧化运行时间的延长，Mn 和 Fe 离子的溶出量都出现一定程度的减少，两种催化剂最大的溶出量分别为 0.4 mg/L（Mn）和 0.9 mg/L（Fe），只占负载于 SBAC 的 Mn 和 Fe 总量的 0.5% ~ 1.0%，均低于国家城镇污水处理厂污染物排放标准，该液相金属离子浓度不会对生物工艺产生严重的影响。重要的是，该臭氧催化剂的载体 SBAC 是由废水生物处理工艺产生的剩余污泥制备而成的，负载的 Mn 和 Fe 均是常见的廉价过渡金属。因此，该催化剂催化臭氧氧化处理煤制气生化出水具有成本低、技术简单、环境友好和可持续的技术优势，非常适合于工程化的应用。

三、非均相催化臭氧化深度处理煤制气废水效能的研究

近些年，非均相催化臭氧氧化技术因其对有毒和难降解物质高效的矿化能力和提高废水的可生化性等优势受到越来越多的关注。该技术利用固体催化剂促进臭氧分解为羟基自由基（·OH），克服了单独臭氧的选择性氧化导致的效率低的缺点，催化剂易于分离，适宜工程化的应用。技术核心是高效廉价的催化剂的制备，研究最为频繁的是活性炭物质，其不仅是有效的臭氧催化剂，也是良好的催

化剂载体。围绕负载金属或金属氧化物对活性炭进行修饰强化其催化活性的研究被广泛报道。例如，活性炭负载 Fe、Mn、Ru、Ce、Co、Ni 及其氧化物提高了臭氧降解多种水中有机物，如芳香烃类、酚类、杀虫剂、邻苯二甲酸二甲酯、香豆素和对氯苯甲酸的效能。但是，这些高效的催化剂往往制备工艺复杂，成本投入过高，不利于其实际的应用。

（一）催化臭氧化处理煤制气废水生化出水的影响因素

1. 臭氧投加量的影响

小试试验条件：催化剂投加量为 1 g/L，原水反应温度为 30 ℃，pH 值为 6.5 ~ 7.5，考察臭氧投加量对催化臭氧化系统性能的影响。在单独臭氧化系统内，随着臭氧投加量的增加，系统对废水 COD 的去除效果呈先快速后平缓递增的趋势，这表明液相存在更多的氧化剂可以提高废水污染物的氧化程度。但是，当臭氧量达到较高水平时，过量的臭氧无法进行高效传质发生无效碰撞，进而自分解为氧气分子或者直接溢出，尾气中含有大量剩余臭氧气体，而且该过程不断积累的中间产物难以被臭氧分子直接氧化，造成单独臭氧氧化效率偏低。即使臭氧投加量为 0.9 g/h，其对废水 COD 去除率仍低于 50%。催化剂的投加大幅提高了臭氧氧化性能，即使在较少的臭氧投加量（0.15 g/h）情况下，催化臭氧氧化对 COD 的去除率仍达到 50%，高于投加量为 0.9g/h 时单独臭氧去除效果。臭氧的投加量为 0.3 g/h 时，$MnO_x/SBAC$ 和 $FeO_x/SBAC$ 催化臭氧化对 COD 的去除率比投加量为 0.15 g/h 时分别高出 20.6% 和 18.3%。然而，当继续增加至 0.9 g/h 时，COD 的去除率仅平均增加了 8.2%。这是由于过量的臭氧投加量负面影响了臭氧的利用率，还占据了催化剂表面的活性位点，减少了污染物在其表面的吸附和重新分配，同时羟基自由基与臭氧分子的复合反应降低了臭氧的间接氧化能力，导致高的臭氧投加量并没有产生高效的污染物去除率。从高效的性能和成本角度考虑，最佳的臭氧投加量为 0.3g/h，臭氧的消耗率在 70% 左右，催化反应过程中参与反应的臭氧量约为 0.2g，计算其臭氧利用率达到每毫克 O_3 可去除 0.51mg COD 的较高水平。

2. 催化剂投加量的影响

催化剂显著提高了臭氧氧化煤制气废水生化出水的效能，COD 的去除率随着两种催化剂投加量的增加而逐渐提高。这表明，更多的催化剂具有更大的比表面积，有利于催化臭氧化的高效进行。具体来说，$MnO_x/SBAC$ 和 $FeO_x/SBAC$ 投加量均为 1.0 g/L 时，催化臭氧化对 COD 的去除分别比单独臭氧提高了 30.6% 和 29.2%，然而，继续增加至 3.0g/L 时，其对 COD 的去除相对于 1 g/L 投加量时没有显著增加（平均增加 10.1%）。催化剂投加量的提高增加了反应可利用的表面活性位，促进臭氧分解生成更多的·OH，从而提高了污染物去除速率。但是，投加过多的催化剂后，系统性能更多地受底物浓度的影响，有限体积的反应器内会产生大量无效碰撞，降低其对臭氧的吸附进而影响传质效率。因此，通过对催化活性和成本的投入进行折中考虑，最适合的催化剂投加量为 1.0g/L。

3. 反应温度的影响

随着反应温度的不断增加，臭氧和催化臭氧氧化对 COD 的去除率均出现不同程度的下降。其中，单独臭氧氧化受温度影响较为严重，其对 COD 去除率从 15 ℃的 45% 降至 60 ℃的 27%，相对应的 MnOx/SBAC 和 FeOx/SBAC 催化臭氧氧化系统也分别下降 15% 和 13%。这是由于反应温度的升高，臭氧在水中的溶解度会逐步地降低，其传质效率受到影响，降低了臭氧和污染物的反应程度，导致其处理效率偏低。但是，温度的升高会减少化学反应所需的能量，可以弥补部分液相臭氧浓度降低带来的负面影响。综合考虑，在实际工程应用中，对废水温度的调整是较为困难的工作，因此在此后的试验过程中采用实际煤制气废水生化出水的温度 30℃左右作为反应温度，不做额外调节。

4. 废水 pH 值的影响

水中氢氧根离子可以诱发臭氧产生羟基自由基（·OH），进而提高臭氧氧化污染物的效能。本试验在原水温度条件下，臭氧和催化剂投加量分别为 0.3 g/h 和 l g/L 时考察废水 pH 值对催化臭氧氧化系统性能的影响。催化臭氧氧化系统对 COD 去除效率随着废水 pH 值的增加而显著提高。当 pH 值由 2 增至 11 时，单独臭氧、SBAC、MnOx/SBAC 和 FeOx/SBAC 作为催化剂催化臭氧氧化对废水 COD 的去除率分别提高了 40.3%、34.1%、47.4% 和 52.2%。同时，无论何种 pH 值条件下，臭氧和催化剂的联用均显著提高了其对废水 COD 的去除效果。另外，废水 pH 值由 2 增至 11 的过程中，催化剂的吸附能力被削弱（两种催化剂吸附 COD 去除率平均减少 13.5%）。但是，对于负载金属氧化物类型的臭氧催化剂，羟基基团在中性或者负电荷的情况下可以由臭氧降解产生。·OH 的活性位点是非均相催化臭氧氧化在碱性条件下具有高效氧化性能的重要原因。因此，碱性条件下臭氧降解途径主要遵从·OH 间接氧化过程，进而提高了其对废水污染物的氧化效果。但是，pH 值对催化剂活性的促进作用十分有限，当 pH 值由 7 增至 11 时，两种催化剂催化臭氧氧化对 COD 的去除率仅提高了 12.1%，溶液中大量存在的氢氧根离子可以部分代替催化剂促进羟基自由基的产生，却负面影响了催化剂活性，而且较高 pH 值环境下可能存在较多的碳酸盐会对间接氧化的自由基产生抑制作用，甚至废水中重碳酸盐类的碱度过高不宜直接使用臭氧氧化技术。该结果也表明，较低的 pH 值更有利于制备活性催化剂。因此，在后续催化臭氧氧化的试验中，最适的 pH 值选取在 7 左右，这与实际煤制气生化出水的 pH 值非常接近，因此不需要对废水做过多的预处理，非常适宜工业化广泛应用。综上所述，催化臭氧氧化最佳的反应条件为臭氧和催化剂投加量分别为 0.3 g/h 和 1 g/L。

（二）催化臭氧氧化对废水污染物的去除性能

考察制备的两种催化剂催化臭氧氧化处理煤制气废水生化出水效能，相关实验结果表明，在单独臭氧氧化60分钟后，仅有42.1%的COD被氧化去除，这是由于该过程中大量难以氧化的中间产物的生成和积累，单纯依靠延长反应时间进而增加臭氧投加量并不能大幅提高污染物的去除效果。所制备的催化剂的投入显著地提高了臭氧氧化对废水中COD去除效果，在最终的反应时间（60min）MnOx/SBAC，FeOx/SBAC催化臭氧化对COD平均去除分别达到了72.1%和52.2%。而且，商业活性炭（activated carbon，AC）的催化活性与SBAC相比较没有明显差异，其催化臭氧化对废水COD去除率为55.3%。相比较而言，催化剂的吸附能力较弱，而且在催化反应中的催化剂均已在原水水质条件下吸附饱和后进行试验，以排除吸附的影响。因此，催化臭氧化对废水COD的高效去除归因于催化剂的催化活性而不是其吸附能力。

然而，酚类化合物作为废水中主要的难降解物质与COD的去除趋势不同。在单独和催化臭氧氧化中，接近50%的总酚（total phenols，TPh）在反应10min时被快速去除，反应结束时超过90%的总酚被去除，两种氧化体系并没有明显的差异，这个结果与Martins和Quinta-Ferreira使用商业催化剂Fe—Mn—O（N-150）催化臭氧氧化酚类物质得到快速去除的结果相吻合（反应60min内接近90%的总酚被去除）。不同的是，在该研究中采用的橄榄油废水是通过六种酚酸模拟配置而成的，与真实的煤制气废水相比（BOD_5/COD值为0.06），其具有更好的可生化性（BOD_5/COD值为0.3）和更为简单、低毒的污染物，这表明本研究制备的催化剂活性不低于商业催化剂N-150。酚类化合物具有很高的毒性和难降解性，即使是在很低的浓度下。显然，催化臭氧化对酚类化合物具有高效的去除效能，但是这种高效的去除可能更多地归因于有机物的转化而不是彻底的矿化去除。

在60min反应时间，单独臭氧氧化仅矿化了废水中26.0%的有机物，催化剂的加入显著提高了废水中有机物的去除，其对TOC的去除率分别增加了14.0%（SBAC和AC平均值）和35.1%（MnOx/SBAC和FeOx/SBAC平均值）。虽然超过40.0%的TOC在催化臭氧化过程中被矿化，然而这并不能确定该部分污染物被彻底氧化降解为水和二氧化碳，部分的污染物仍有可能被吸附在催化剂表面未被检出。因此，将催化剂吸附原废水饱和，比较臭氧氧化反应前后其比表面积的变化情况，分析催化剂是否真正地提高了臭氧氧化过程中污染物的矿化程度。对比新鲜的催化剂，污染物的吸附（约30mg/L COD）显著降低了催化剂的比表面积（SBAC、MnOx/SBAC和FeOx/SBAC分别减少了42.1%、32.9%和34.0%），在臭氧氧化60min后，相对应催化剂的82.1%、96.5%和91.2%比表面积被恢复。而且在此过程中，单独臭氧氧化不能增加催化剂的比表面积，臭氧处理后，水中也没有明显的COD浓度升高，该结果表明Mn和Fe的氧化物负载于SBAC促进了水中臭氧自由基式降解，进而提高了废水中难降解物质的矿化效能。

（三）催化臭氧氧化与 Fenton 氧化工艺的比较

Fenton 氧化工艺因其低廉的投入和简单的操作以及高效的氧化性在废水处理中被广泛地研究和应用。然而，传统的 Fenton 工艺存在诸多问题，如由于受溶液 pH 值的严格限制（pH 值 2 ～ 4），投加的 Fe^{2+} 会产生大量铁泥积累，造成环境的二次污染等。因此，非均相 Fenton 工艺采用富含铁离子的固体催化剂，减少了铁泥的产生，也弱化了溶液 pH 值的限制，具有更好的应用前景。本研究中制备的臭氧催化剂 FeOx/SBAC 具备非均相 Fenton 催化剂的特征，即含有部分铁的氧化物，且具有较高的比表面积，考察了其非均相催化 Fenton 氧化煤制气废水生化出水效能，比较了 Fenton 氧化和催化臭氧氧化工艺处理煤制气废水的实用性。

四、催化臭氧化–生物组合工艺深度处理研究

生物脱氮工艺是高效廉价的脱氮技术，但是煤制气废水生化出水含有大量微生物硝化抑制物（酚类、芳香烃类和氮杂环类化合物等），其生物毒性抑制传统的生物脱氮处理工艺中硝化微生物活性，而且废水具有较低的 C/N 比值，缺乏反硝化过程所需的碳源，进而影响总氮的去除。如果额外投加碳源，将会加大经济投入和工艺处理压力。然而，生物短程脱氮工艺将氨氧化至亚硝态氮阶段，随后直接转化为氮气去除，理论上可以减少 25% 的氧气供应和 40% 的反硝化碳源需求，适用于煤制气废水生化出水水质。同时，将污泥厌氧技术进行改良后，其具有较高的有毒负荷和抗水质波动的优势，结合生物短程脱氮工艺处理煤制气废水生化出水，具有理论创新性和实际应用性，目前该工艺的研究和应用未见报道。

（一）生物工艺降解煤制气废水生化出水污染物的效能研究

1. 生物短程脱氮工艺处理煤制气废水生化出水的启动

厌氧氨氧化和 BAF 生物反应器的启动初期是采用两段独立培养的方式，营造出适应各自反应器内微生物生长的营养条件和外界环境，保证活性污泥的快速繁殖。在启动期第 20 ～ 50 天，两个反应器进行连续的污泥培养，从 BAF 回流至厌氧氨氧化反应器内的混合液（硝化液 / 亚消化液）回流比（R）维持在 200% 左右。在此期间，进水额外添加的氯化铵和乙酸钠浓度不断减少，直至完全实现原水水质条件（第 40 天达到）。短程脱氮工艺启动策略为控制 BAF 内溶解氧浓度低于 1.5 mg/L，调节进水 pH 值在 8.0 ～ 8.5，用以获得稳定的亚硝酸盐积累。另外，亚硝化过程和硝化过程都消耗碱度，致使废水的 pH 值逐渐降低，因此应保证进水碱度及 pH 维持在适宜的范围。当反硝化过程性能稳定后产生的碱度可以部分补偿 BAF 生物反应器内的缺失，BAF 生物反应器内温度控制在 30 ～ 35℃，但是保证其他生理生化条件在适当的范围时，该参数对工艺的启动和运行影响不显著。另外，污泥龄保持在 20 天左右有助于活性污泥挂膜生长和氨氧化细菌（AOB）的优势繁殖。多因素共同调控和接种污

泥具有较好脱氮性能，可以快速达到 BAF 内亚硝态氮的高效积累，实现生物短程脱氮工艺的启动，在后续运行中维持反应器内上述适宜的运行条件，从而达到生物短程脱氮工艺的稳定运行。

2. 水力停留时间对生物工艺处理效能的影响

在反应器成功启动后，保持系统 R 为 200%，考察水力停留时间（HRT）对该系统去除污染物效能的影响。HRT 逐步由 9 h 提高至 18 h，进出水中 COD、氨氮和总氮的变化情况如下。COD、氨氮和总氮在 HRT 为 9 h 时，平均的去除率分别为 56.1%、74.0% 和 61.7%、当 HRT 提高至 12 h，相应的去除率分别提高了 11.9%、10.0% 和 13.0%；最终，HRT 增加至 18 h，平均去除率稳定在 70% 以上。相对应的出水平均浓度分别为 48.0 mg/L、4.8 mg/L 和 13.9 mg/L（HRT 为 12 h）和 45.3mg/L、4.5mg/L、13.2mg/L（HRT 为 18 h），均低于国家城镇污水处理厂污染物排放一级标准的 A 标准（GB18918—2002）。值得注意的是，延长 HRT 至 18 h，其处理效果与 HRT 为 12 h 时相近，污染物的去除率并没有大幅提高。煤制气废水生化出水水质复杂且存在大量有毒和难降解物质，仅通过延长污染物与活性污泥的接触时间很难达到高效的 COD 去除效果。然而，氨氮的去除效率一直稳定在相对较高的水平（整个过程均高于 75%），甚至是在进水水质波动较大的运行条件下（HRT 为 9 h），这归因于 BAF 反应器内氨氮向亚硝态氮的高效转化。同时，系统对废水总氮的去除性能与亚硝态氮的积累率直接相关，多数的总氮去除是由于厌氧氨氧化反应器内的反硝化作用，一小部分的去除是在 BAF 反应器内由作为微生物的氮源或者由细胞同化后随剩余污泥排出系统。此外，在 HRT 为 12 h 条件下，系统对 COD 的去除效果最好，更少的有毒物质和难降解物质为生物短程脱氮工艺营造了一个良好的运行环境。然而，进一步延长 HRT 至 18 h 后，C/N 比值被进一步降低，难降解物质不断积累，大量亚硝态氮不能直接转化为氮气进行去除，导致总氮和氨氮的去除效率没有大幅提高。而且，亚硝态氮的过度积累对微生物会产生抑制或者毒害作用，引起系统活性污泥性能的恶化。但是，缩短 HRT 也减少了有效的反硝化作用时间，这会导致系统对总氮去除性能的下降。同时，研究发现固着型的活性污泥在处理煤制气废水时比悬浮活性污泥具有更高的污染物处理性能（在相同的污泥浓度和反应时间内，固着的活性污泥对煤制气废水中氨氮和氰化物的去除率相比于悬浮污泥分别增加了 3% 和 14.9%）。

3. 回流比对生物工艺处理效能的影响

当 HRT 保持在 12h，不同的回流比（R）（100%、200% 和 300%）对生物工艺处理煤制气废水生化出水效能具有显著的影响。当 R 为 200% 时，COD、氨氮和总氮的平均去除效率分别为 68.1%、85.95% 和 75.0%。随着 R 增加至 300%，COD、氨氮和总氮去除率仅小幅增加（均低于 2%）。相对应的出水浓度分别为 48.0mg/L、4.8 mg/L、13.9 mg/L（R 为 200%）和 47.1 mg/L、4.4mg/L、13.5mg/L（R 为 300%），均满足国家城镇污水处理厂污染物排放一级标准的 A 标准，结果表明当 R

在 200% 和 300% 之间时，生物工艺对煤制气废水中污染物的去除性能相对稳定。当 R 为 300% 时，反应器内厌氧和好氧环境的频繁改变将会导致硝化细菌难以存活，直接有益于 AOB 的繁殖，提高系统亚硝态氮的积累速率。然而，这种运行方式将引起系统反硝化性能的恶化，破坏厌氧氨氧化反应器内的厌氧环境，具体表现在当 R 由 200% 增加至 300% 时，系统对废水中总氮去除效能并没有增加，反而具有下降的趋势，而且仅依靠不断增加回流比提高污染物去除效果会导致活性污泥抑制物的不断积累，进而抑制生物工艺的性能。同时，当 R 改变为 100% 时，污染物的去除率下降，这是由于废水中有毒物质浓度相对于高回流条件有所增加带来的干涉影响。因此，R 为 200% 是系统降解性能和成本投入最为合适的选择。

（二）催化臭氧化 - 生物组合工艺去除污染物性能

厌氧氨氧化 -BAF 生物工艺因其固着生长大量厌氧生物膜具有较高的有毒负荷，并且复合生物短程脱氮技术在不额外投加碳源的条件下，对煤制气生化出水具有高效稳定的脱氮效果。但是该工艺仍存在较多的缺陷，特别是对有毒和难降解物质矿化能力的不足，导致处理出水 TOC 浓度无法达到排放标准。另外，过长的运行时间（12 h）产生了较大的运行成本，而且生物工艺对污染物的降解性能受有毒物质的影响，即当厌氧氨氧化 -BAF 系统进水总酚浓度超过 100 mg/L 时，即会出现系统处理性能的抑制，超过 200 mg/L 则会导致系统脱氮效能的大幅降低，而且生物工艺的恢复需要较长时间，严重影响实际废水处理工艺的运行。因此，催化臭氧氧化技术因其高效去除有毒和难降解物质和提高废水可生化性的优势，非常适合作为预处理来提高生物工艺的生物降解性，保障其稳定性，两者的组合也成功解决了臭氧化技术对含氮污染物处理效能偏低的问题，节省了运行成本。

（三）组合工艺对废水主要有毒和难降解污染物去除规律探讨

通过 GC-MS 对催化臭氧化和组合工艺处理后出水有机物质定性分析，考察组合工艺对废水中主要有毒和难降解物质的去除规律。组合工艺减少了催化臭氧氧化时间，轻微影响了其对废水中有毒和难降解物质的去除性能，处理后出水有毒物质和难降解物质仍占总有机物的 24.7%，高于反应时间 60 min 后其所占比例（两催化剂平均为 16%），其中残余的酚类、长链烷烃类，芳香烃类和氮杂环类分别占 7.3%、4.1%、1.2% 和 6.2%。特别是氮杂环类化合物成了所占比例较高的有毒和难降解物质。这是由于该类物质含有苯环和吡啶环，化学氧化只能破坏其苯环，无法将其吡啶环进行氧化，在催化臭氧化过程中新生成的吡啶环类衍生物约占其残留的 30%。同时，芳香烃类物质的去除率也出现下降，该类物质在化学反应中转化为非芳香族物质，需要大量的化学能使其芳香环断裂，然而废水中具有较高毒性的苯及其衍生物均在此阶段被基本去除。进一步分析组合工艺对污染物的去除规律发现，组合工艺处理后，出水中酚类物质大幅减少，残留所占有机物比例仅为 1.6%。这是因其作为有机碳源在生物反硝化过程中被利用，氮杂环类化合物残留仅占 1.1%，生物短程脱氮工艺对总氮以及含氮化合物具有极高的降解性能，绝大部分氮杂环类物质被完全去除。但是，生物工艺对长链烷烃类去除效果不明显，出水中其残留比例仍占 2.3%，占有毒物和难降解物的 27%，这是由于长链烷烃在生物处理过程中穿透率较高，属于极难降解类物质，同时组合工艺处理过程中产生了较多低毒的酯类物质，成了残留的主要有机物成分。

第三节　水解酸化 +AO 工艺处理煤化工废水中石油烃类研究

我国的能源结构是"富煤、贫油、少气"，石油和天然气含量不足，对外依存度较高，这成了制约我国社会经济快速发展的重要因素之一。煤化工产品相对于传统的石油化工产品具有一定的成本优势和环保效益，因此发展煤化工行业，用煤炭作为石油的替代品是解决我国目前能源问题的主要途径之一。石油烃类是煤化工废水中的主要污染物之一，属于难降解的有害物质，其处理难度较大，具有穿透性，是煤化工企业水处理系统出水中 COD 的重要组成部分。石油烃类污染物进入水体和土壤之后，会造成严重的环境污染问题，对人和动植物的健康具有重要的威胁。因此，研究如何提高煤化工废水中石油烃类污染物的去除效果具有重要的意义。

一、煤化工废水中石油烃类的危害

石油烃类物质是由各种碳氢化合物组成的复杂的混合物。目前一般把石油烃类分为 4 种化合物：正烷烃、支链烷烃、环烷烃和芳香烃。除此之外，石油烃类物质还含有少量其他种类的有机物，如硫化物、氮化物、环烷酸等。石油产品包括汽油、润滑油、天然气、石蜡、柴油、沥青等，种类众多，与我们的生活息息相关。而且随着目前科技和经济的发展，人类社会对石油的需求逐年增加。随之而来的就是与石油相关的各个行业的兴起，煤化工企业就是这样发展起来的。通过提炼煤生成天然气，对于我国这样一个石油较为匮乏的国家来说尤为重要。

然而，煤化工企业排水中含有大量的石油烃类物质，石油烃类化合物属于难降解的有害物质，目前已被列入我国危险废物名录。《国家危险废物名录》列出的48 种危险废物中，石油类排第 8 位。含油废水也是当今世界上难处理的工业废水之一，处理不当时极易造成环境污染。当石油烃类污染物通过泄漏、滥排等途径进入水体和土壤之后，会造成严重的环境污染问题。石油烃类污染物进入土壤之后会堵塞土壤中的空隙，进而影响土壤的通透性，阻碍植物根系的呼吸作用并影响其吸收营养物质的能力，造成植物根系的腐烂等。石油烃类中的多环芳烃类污染物是对人体有毒害作用的，石油烃类物质进入土壤中之后，通过一系列的食物链作用最终会进入食草动物和人类体内，产生"三致"效应，危害人类的身体健康和环境安全。石油烃类污染物排放至自然水体时会形成持久性污染，增加水体的自然修复难度，同时部分石油烃类物质会漂浮在水面，形成"隔氧层"，造成水体内部缺氧，动植物因此逐渐死亡。此外，石油烃类中的多环芳烃对人和动物的毒性大。研究表明，当人们长期处于多环芳烃污染的环境中，可引起急性或慢性伤害。据报道，人体在含有质量浓度为 0.75 mg/L 的多环芳烃空气中，10 ~ 15 min 之后，上呼吸道黏膜及眼睛会受到剧烈刺激，即使质量浓度为 0.005 ~ 0.01 mg/L 时，也只能忍受几小时。多环芳烃对动物的致癌作用也早已被实验所证实。

二、SBR 工艺的机理和特点

SBR 工艺是序批式活性污泥法的简称，最早应用于英国，是最早的水处理工艺之一。它是采用间歇曝气方式进行运行的一种水处理技术。我国在 20 世纪 80 年代引入 SBR 工艺后，学者和水处理人员对该方法进行了大量的研究，目前该工艺在污水处理行业已得到广泛的应用。

（一）SBR 工艺的机理

SBR 工艺是活性污泥法的一种改良方法，是一种全新的运行方式。与连续式推流曝气池内有机污染物沿着空间降解不同，SBR 处理系统的突出的特点是，有机污染物是沿着时间的推移进行降解的。

SBR 处理系统是间歇式的运行方式，主要通过控制 SBR 反应池的工作方式和曝气状态来实现。曝气池的运行主要分为 5 个阶段：进水、反应、沉淀、排水、待机。这 5 个阶段主要通过仪器进行自动化控制并实现循环运行，同时可以根据进水水质的不同来分别调节各个阶段的运行时间，较为灵活。

（二）SBR 工艺特点

① SBR 工艺可实现自动化管理。SBR 工艺构造简单，各处理工序都可以通过编程实现全自动控制，节省了大量的人工成本，使得 SBR 工艺的经济性大为提高，同时各工序的运行时间可根据进水的水量和水质进行调整，运行方式较为灵活，适应性较强。

② SBR 工艺采用了间歇曝气方式，它是时间上的理想推流状态。系统内浓度梯度的存在有利于抑制丝状菌的膨胀，因此也有利于保持整个系统污泥的沉淀性能。系统在自动化控制下可以实现好氧、缺氧和厌氧的交替状态，使其具有 BOD 降解、P 的释放和吸收，以及氨氮硝化反硝化等作用，在有效地去除有机污染物的同时，脱氮除磷效果也不错。

③减少占地面积，降低造价。SBR 工艺将沉淀和曝气等过程合并在同一个构筑物中进行。相对于其他的水处理工艺，SBR 工艺节省了污泥回流系统和二沉池，缩短了构筑物之间的管道连接，占地面积可以大大减少，一般情况下可缩小 1/3 ~ 1/2，同时使得工程投资大大降低。

④ SBR 工艺无须设沉淀池和污泥回流系统。其运行工序中的沉淀阶段使泥水有效分离，出水悬浮物浓度低，因此无须再另设沉淀池。

因此，归纳起来，SBR 工艺的优点以及机理如下。

理想沉淀理论：沉淀性能好。

理想推流状态：有机物去除效率高。

生态环境多样性：提高难降解废水的处理效率。

选择性准则：抑制丝状菌膨胀。

生态环境多样性：可以除磷脱氮，不需要新增反应器。

结构本身特点：不需要二沉池和污泥回流，工艺简单。

（三）水解酸化的机理和特点

1. 水解酸化的机理

水解酸化工艺是近些年来国内外科研人员研究出的降解难降解有机物的预处理工艺，它对提高难降解有机物的可生化性具有显著作用。生物水解酸化工艺作为废水的预处理技术的实质是，把厌氧过程控制在水解和酸化阶段，通过利用水解菌和酸化菌的水解酸化作用来提高废水的 B/C 值。

水解酸化过程包括水解和酸化两个阶段。某些高分子有机物分子量较大，体积较大，不能透过细胞膜被微生物直接利用，它们在水解阶段会被微生物释放胞外自由酶分解为小分子物质。酸化阶段是将水解阶段产生的小分子物质在酸化菌体内进一步转化为更容易降解的有机物并排出体外，酸化菌的代谢产物主要是各种有机酸（乙酸、丙酸、丁酸等）。

国内外研究人员普遍认为，水解过程是大分子难降解有机物降解的必经过程，大分子有机物要想被微生物利用，必须首先被水解为小分子有机物，只有这样，这些难降解物质才能够通过细菌细胞壁，并被微生物利用。酸化阶段可以被看作是有机物降解的提速工程，将水解阶段产生的有机物进一步转化为更容易降解的物质。就是因为这样的作用，在实际的工业废水处理工程中，水解酸化工艺常被作为预处理单元。

实际应用中通过将水解酸化池的运行参数和停留时间控制在适合水解菌和酸化菌的条件下，使得水解菌和酸化菌成为池内的优势菌种。

2. 水解酸化工艺特点

水解酸化池是一个升流式厌氧反应器，污水自反应器底部进入之后，会发生一个快速的物理吸附反应，一般只需要几十秒便可完成。在这个反应中，颗粒类污染物质和胶体物质会被污泥床和其上面的生物膜截留和吸附。这些被截留下来的物质会吸附在污泥层的内部和生物膜上，之后会被水解酸化池中的微生物慢慢分解，因此污染物在水解酸化池中的总停留时间要大于其水力停留时间。在系统内水解细菌的作用下，难溶性有机物逐渐被水解为溶解性物质，酸化菌协同水解菌将大分子有机物和难降解物质转化为易降解的小分子有机物，随着水流流出系统进入其后的好氧处理工艺。

研究表明，水解酸化工艺中的水解菌和酸化菌的世代周期较短，一般只有几分钟到几小时，因此整个处理过程实际上是非常迅速的。虽然在这个过程中，BOD和COD的去除率从数据来看并不高，甚至在个别情况下会有所降低，但是经过水解酸化处理后有机污染物结构的变化会对整个系统的降解能力具有决定性的影响，使之后的生物处理变得更加容易。水解酸化反应之后的污水可生化性一般都会得到大大的提高，污水中有机污染物的可降解性和溶解性都会得到大幅度的提高，使得后续的好氧处理难度降低，周期变短，大大降低了整个系统的能耗。

水解酸化工艺与单独的厌氧或好氧工艺相比，具有以下特点。

①水解酸化可以在厌氧阶段大幅度地去除废水中悬浮物和有机物等污染物，因此会减轻后续好氧处理的压力，从而达到缩小池体容积、节省投资的目的。有关研究表明，在实践中采用水解酸化后，系统的总容积相对于单独好氧处理可以降低50%左右。

②厌氧工艺可对进水负荷的变化起到一定的缓冲作用，而且具有较强的抗冲击负荷能力，为好氧处理创造较为稳定的进水条件。

③研究发现，厌氧工艺的产泥量较少，仅为好氧处理工艺的 $1/10 \sim 1/5$。同时其后续的好氧工艺所产生的剩余污泥可以根据需要回流至厌氧段，达到增加厌氧段的污泥浓度的目的，并在此基础上进一步减少整个系统污泥的产生和处理量。

④水解酸化阶段可以有效地提高废水的可生化性，为后续的好氧处理提供较好的进水水质，提高整个系统的处理效果，并可降低后续好氧处理的能耗。

⑤水解酸化池运行方式较为简单，系统需要曝气量较少，运行费用相对较低。

（四）A/O 工艺的机理和特点

1. A/O 工艺的机理

A/O 工艺的全称是缺氧 - 好氧活性污泥法处理系统，是在 20 世纪 50 年代初开发出来的工艺流程，该工艺的主要特点是把反硝化反应器放置在了系统的最前面，因此又被称为前置反硝化生物处理系统。A/O 工艺也是目前煤化工废水处理中常用的一种生物处理方法。

2. A/O 工艺的特点

A/O 工艺与传统的煤化工废水处理中采用的生物处理系统相比，无须额外投加碳源，其主要原因在于，该工艺直接利用了原水中的有机物作为微生物所需碳源，而且 A/O 工艺同时具备降低 COD 的脱氮的作用。好氧段设在缺氧段之后，好氧段可以充分地利用缺氧段中微生物反硝化作用中产生的碱度，有效地降低系统对于外部碱度投加量的需求。整个反应器处于动态流程，有利于有效地控制污泥膨胀问题。

A/O 工艺的特点归纳如下。

①流程较为简单，装置少，占地面积小，以进水中有机物为碳源，无须外加碳源，建设费用和运行费用均较低。

②反硝化在前，硝化在后，设内循环，因此反硝化反应充分，脱氮效果较好。

③好氧池在后，反硝化残留物得到进一步的去除，有效地提高了处理水水质和处理效果。

④厌氧池中设轻度搅拌，以保持污泥的悬浮状态。好氧池的前段采用强曝气，后段减少气量强度，使内循环液的 DO 含量降低，防止影响缺氧池中的 DO 值。

⑤缺氧池在先，反硝化可消耗部分碳源有机物，有效地减轻了好氧池的负荷。

⑥反硝化产生的碱度随水流进入好氧池，可补偿硝化过程对碱度的消耗。

（五）水解酸化 +A/O 工艺的机理和特点

1. 水解酸化 +A/O 工艺的机理

水解酸化 +A/O 组合工艺中，污水首先由水解酸化池的底部进入，水解酸化池底部的微生物通过物理吸附和截留作用黏附颗粒和胶体物质，在水解酸化菌的作用下，进水中的大分子难降解的有机物被分解为较易降解的小分子物质，有效地提高了进水的可生化性，处理后污水进入 A/O 反应器继续被降解。

水解酸化池的出水首先进入 A/O 工艺的 A 池，A 池中保持缺氧环境，进水以及内回流的污水被兼性微生物充分吸收降解，之后污水进入 O 池。O 池中溶解氧含量较高且存活着大量的好氧微生物，在好氧微生物的作用下，将有机污染物进一步吸收利用。处理后污水进入沉淀池，在沉淀池中实现泥水分离，污水进入后续深度处理工艺，部分污泥回流至 A 池参与反应，部分污泥外排。

2. 水解酸化 +A/O 工艺的特点

总结起来，水解酸化 +A/O 工艺具有以下特点。

①水解池可取代初沉池。国内外研究表明，在 HRT 基本相当的情况下，水解池对颗粒物质和悬浮物的去除能力明显地高于初沉池，同时具有较高的去除有机污染物的能力。初沉池对于污染物的去除率受进水水质影响较大，出水水质容易发生波动，而水解酸化池的抗冲击负荷能力较强，出水水质相对比较稳定。

②水解酸化过程可以改变原水中有机污染物的形态和性质，提高其可生化性，通过水解酸化处理的污水 B/C 会得到显著的提高，有利于 A/O 工艺处理。

③水解酸化池属于升流式的污泥床反应器，一方面，水流可以使活性污泥在池内均匀分布，有利于增加活性污泥的活性；另一方面，系统中存活着大量的水解微生物，维持了较高的污泥浓度。污泥层对通过的有机物具有较好的物理吸附截留作用，在有机物通过时将其吸附截留，延长了污染物在池内的停留时间，从而保证了较好的处理效果。

④系统抗冲击负荷能力强。相对于传统的 A/O 工艺，水解酸化 +A/O 系统增加了水解酸化池，而水解酸化池对于高浓度、大水量的进水具有较强的适应能力，

使得该工艺广泛地应用在了煤化工、印染、纺织、造纸等行业的工业废水。

三、SBR 工艺处理煤化工废水中石油烃类的试验研究

石油烃类化合物属于难降解的有害物质，目前已被列入我国危险废物名录，在列入的 48 种危险废物中，石油类排在第 8 位。含油废水也是当今世界上难处理的工业废水之一，处理不当时极易造成环境污染。哈依煤气废水中石油烃类的含量为 50 ～ 60 mg/L，COD 含量为 1 200 ～ 1 400 mg/L，经过处理工艺处理后出水水质达到中华人民共和国《污水排放综合标准》（GB 8978-1996）的一级标准：COD 浓度 ≤ 100 mg/L、石油烃类浓度 ≤ 10 mg/L。经研究发现，石油烃类物质在煤化工废水处理中具有较强的穿透性，降解难度较大，且石油烃类是出水中 COD 的重要组成部分。因此，如何进一步降低石油烃类物质的浓度，对于提高排水水质和降低工艺运行费用具有极其重要的意义。

（一）试验装置的运行方式

SBR 反应器的运行周期包括 5 个阶段：进水、曝气、静沉、排水和闲置。

该反应器的运行是通过定时装置进行自动控制的。每个周期开始阶段，首先打开进水蠕动泵，当反应器中水面达到设定高度的时候，关闭进水蠕动泵，打开空气压缩机向反应器中曝气，通过连续在线溶解氧检测仪显示反应器中的 DO 值，并调节空气压缩机的曝气量，使 DO 值保持在 2.5 mg/L 左右。当曝气时间达到设定时间时，关闭空气压缩机，系统进入静沉阶段。当静沉阶段达到设定时间时，打开排水口，进行排水，排水结束后，关闭排水口，系统进入闲置阶段。闲置阶段结束，系统自动进入下一周期进行循环。此外，反应器要适时进行排泥，以保证反应器中含有合适的微生物量。

（二）污泥驯化与系统启动

活性污泥的培养和驯化分为异步培养、同步培养以及接种培养三种方法。为了缩短微生物的驯化周期，加快系统的启动速度，本实验采用直接接种培养法。将取自哈依煤气污水处理系统中沉淀池底层的污泥混合液注入 SBR 反应器中，以 48 h 为周期对污泥进行驯化，期间设定系统的曝气量为 2.5 mg/L。一个周期内进水 2 h，曝气 41 h，静沉 2 h，排水 2 h，闲置 1 h。

系统启动初期，沉淀阶段曾出现过污泥上浮问题，这是由系统运行不稳定、微生物反硝化作用产生气泡所致，启动后期，污泥上浮状况消失。

试验用水直接取自于哈依煤气，石油烃类浓度为 50 ～ 60 mg/L，同时采用液状石蜡和固体石蜡的混合液模拟石油烃类，在曝气开始后 10 min 投加，每次的投加量为 50 mg/L，使系统内的石油烃类的含量保持在 100 ～ 110 mg/L，逐步培养出适合于降解煤化工废水中石油烃类的优势菌种。系统运行 20 天后，活性污泥呈灰褐色絮状，污泥沉降性能良好，SBR 反应器对 COD 和石油烃类的去除

率分别达到了 40% 和 30%，系统启动完成。活性污泥各项指标趋于正常，其中，MLSS=3 500 mg/L，MLVSS=2 520 mg/L，f=72%，SV=30%，SVI=85.7 mL/g。

（三）SBR 工艺处理煤化工废水中石油烃类影响因素研究

1. 周期对系统处理效果的影响

在原水 pH 值不做调整（6.8～7.1），控制曝气强度使 SBR 反应器中 DO=2.5 mg/L，保持温度为 20 ℃的条件下，不投加石油烃类模拟营养物质时，分别考察处理周期为 12 h、24 h、36 h 时系统对 COD 和石油烃类的降解能力。

SBR 反应器对石油烃类的处理能力整体上随着处理周期的增加而逐渐增强。这是因为处理周期增加时，废水在系统中的停留时间也会增加，有利于微生物更加充分地利用污染物作为其营养源进行生长和繁殖。当处理周期为 24 h 时效果较好，COD 和石油烃类的去除率分别维持在 73% 和 56% 左右。此后，将 SBR 工艺的处理周期增加至 36 h，SBR 反应器的处理效果并没有呈现对应比例的增加，系统的处理效果与处理周期为 24 h 时的处理效果差别不大。这可能是因为随着运行时间的增加，COD 值逐渐降低，废水中碳和氮的比例失调越来越严重，碳氮比成为活性污泥中微生物的生长和繁殖的主要制约因素，而且其制约作用会随着系统中 COD 的降低而越来越严重。所以，从降解效果和节约经费双重角度考虑，选择处理周期为 24 h 比较合理。

2. pH 值对系统处理效果的影响

控制 SBR 反应器处理周期为 24 h，DO=2.5 mg/L，温度为 20℃时，不投加石油烃类，分别通过投加 pH 调节溶液将反应器中 pH 值控制在 5.0、6.86（不做调整）、9.0 时，考察 pH 值对于系统降解能力的影响。

当进水 pH 值为 5.0 时，SBR 工艺对于 COD 和石油烃类的去除效果较差，分别只有 43% 和 25% 左右。当进水 pH 值不做调整，即 pH 值在 6.8～7.1 时，SBR 反应器对于石油烃类的去除能力最强，COD 和石油烃类的去除率维持在 73% 和 56% 左右。当进水 pH 值为 9.0 时，系统对 COD 和石油烃类的去除效果又会急剧下降，当运行至第 15 天时，COD 和石油烃类的去除率已经下降至 49.30% 和 36.60%。当进水中 pH 为酸性或者碱性时，系统对于 COD 和石油烃类的去除效果会出现明显的下降。这也表明，系统中降解石油烃类的微生物一般适于生存在中性环境中，pH 值对活性污泥的降解能力影响较大，当进水偏酸性或者偏碱性时，会对系统中微生物的活性和降解污染物的能力有较大的影响。

3. DO 对系统处理效果的影响

控制 SBR 反应器处理周期为 24 h，温度为 20 ℃时，pH 值不做调整（6.8～7.1），通过改变曝气强度使反应器中的 DO 分别为 2.5mg/L、3.5mg/L、4.5mg/L 时，考察溶解氧的含量对于系统降解能力的影响。

石油烃类物质是碳氢化合物，几乎不含氧原子，所以比其他种类的有机物的还原程度高，因此石油烃类物质氧化时对环境中的溶解氧的含量需求比较高。当 SBR 反应器中 DO=2.5 mg/L 时，系统对于 COD 和石油烃类的去除效果较差，去除率分别维持在 73% 和 56% 左右。当第 6 天将 SBR 反应器中 DO 提高至 3.5 mg/L 之后，系统的降解能力逐步得到了提高。当运行至第 10 天时，COD 和石油烃类的去除率分别达到了 81.21% 和 66.22%，此后继续增加曝气量至 4.5 mg/L，COD 和石油烃类的降解率并没有很明显的影响。这也表明当 DO=3.5 mg/L 时已基本可以满足系统微生物的需要。所以，从降解效果和节约经费双重角度考虑，选择 DO 为 3.5mg/L 时比较合理。

4. 温度对系统处理效果的影响

石油烃类的微生物降解可在很大的温度范围内发生，在 0 ～ 70 ℃ 的环境中均发现有降解石油烃类的微生物。本试验将 SBR 反应器的温度设定在 15 ℃、25 ℃、35 ℃ 时，在其处理周期为 24 h，pH 值不做调整，DO=3.5 mg/L，考察温度对于系统降解能力的影响。

当系统中温度保持在 25 ℃ 时，SBR 反应器对于 COD 和石油烃类的去除效果最好，COD 和石油烃类去除率分别维持在 85% 和 71% 左右，此时处理后的 COD 和石油烃类的浓度分别为 198.32 mg/L 和 14.90 mg/L。当温度在 15 ℃ 和 35 ℃ 时，SBR 反应器对 COD 和石油烃类的去除效果明显下降。这表明，微生物在常温下较易降解石油烃类。

此外还可以看出，相对高温而言，低温对于微生物降解能力影响更大，系统在低温条件下降解能力下降得更快。这可能是因为温度会影响石油烃的黏度，进而影响系统的挥发性，使得一些具有毒性的芳香烃类和正烷烃在低温时很难挥发，同时低温时微生物体内酶的活性也会降低。当温度为 10 ～ 25 ℃ 时，系统的去除能力随着温度的升高的增加。当温度在 30 ℃ 以上时，石油烃类物质对微生物细胞膜的毒性将不断增加，此时去除能力将随温度升高而逐渐降低。

5. 冲击负荷对系统处理效果的影响

控制 SBR 反应器处理周期为 24 h，DO=3.5 mg/L，温度为 25 ℃，pH 值不做调整，分别在系统开始进水 10 min 之后向反应器中投加石油烃类物质（固体石蜡和液状石蜡混合液），使进水中石油烃类的含量分别维持在 50 ～ 60 mg/L 和 70 ～ 80 mg/L，考察相应的降解能力。

在上述条件下采用 SBR 反应器对煤化工废水进行处理时，石油烃类的浓度在 50 ～ 60 mg/L 时，其去除率稳定在 70% 左右。当进水石油烃类的浓度进一步提高时，活性污泥对石油烃类的降解能力急剧下降，出水 COD 和石油烃类浓度大幅度提高。这可能是因为当煤化工废水中石油烃类浓度大于 60 mg/L 时，已经超过了系统中活性污泥的极限降解能力，此时的石油烃类污染物对于微生物相当于有毒物质，反而降低了微生物的活性和数量。因此，对于石油烃类浓度较高的煤化工废水需先经过水解酸化等预处理，才能取得较好地处理效果。

四、水解酸化预处理工艺处理煤化工废水中石油烃类的试验研究

（一）试验装置的运行方式

水解酸化池属于升流式厌氧污泥床反应器。其运行方式较为简单，易于控制。试验中待处理的煤化工废水由反应器底部进入池内，进水中的胶体、颗粒物质被反应器底部的污泥床迅速吸附和截留，同时在反应器中高浓度兼性微生物的降解作用下，增加进水中难溶性污染物的溶解性，并将大分子难降解的有机物分解为小分子易降解的有机物。

水解酸化池通过进水蠕动泵的提升作用进行连续进水，同时设置了电动搅拌器以缓慢的速度搅拌，一方面使煤化工废水和池内高浓度兼性微生物的充分混合，强化传质效应，另一方面保持池内溶解氧含量维持在 $0.2 \sim 0.5$ mg/L。试验中，每 7 天通过设在反应器底部的排泥管进行排泥。

（二）污泥驯化与系统启动

污泥的厌氧消化是一个比较复杂的过程，有很多种微生物群体参与其中，但是这些微生物大致可以分为产酸菌和产甲烷菌两类。产酸菌的种类较多，时代周期短，生长速度快，对于环境条件，如 pH、温度以及毒性物质等不太敏感。产甲烷菌严格厌氧，生长速度慢，对环境条件比较敏感，种类相对较少。本试验中水解酸化池的启动正是利用厌氧过程中这两大类菌群在特性上的差异，人为地制造出适合产酸菌生长和繁殖的环境，使其生存在最佳的环境条件下，有利于产酸菌充分发挥活性、提高处理效果。

1. 污泥的接种与驯化

试验是主要目的是能够筛选出水解酸化菌，微量氧的存在反而有利于抑制产甲烷菌的生长，促使水解酸化菌能够成为优势菌种，因此系统启动之前并不需要严格的密封性检验。

考虑到煤化工废水的可生化性较差且含有少量的毒性物质，对微生物的生长具有较大的抑制作用，为了缩短反应器的启动时间，接种污泥直接取自于哈依煤气厂污水处理系统中水解酸化池底部，将污泥倒入反应器中，闷曝 48 h 后，采用连续培养的方式。

反应器启动阶段将 HRT 设为 24 h，每天进水 20 L，温度保持在 20℃，通过电动搅拌器维持系统的 DO 在 0.5 mg/L 以内。进水采用哈依煤气厂的原水，其 COD 为 1 200 ～ 1 400 mg/L，石油烃类含量为 50 ～ 60 mg/L。然而采用这种方式的效果并不理想，反应器启动的前一周内污泥和水样并没有显著地变化，污泥基本上沉在反应器的底部，出水的 COD 并无明显的降低。之后对进水水质进行调整，采用液状石蜡和固体石蜡混合液模拟石油烃类物质，保持每天 50 mg/L 的投加量。同时用葡萄

糖、氯化钾、磷酸二氢钾作为碳源、氮源和磷源按照 BOD_5：N：P=100：5：1 的比例配成 COD 约为 1 300 mg/L 的进水，维持系统的 pH 值为 7 左右，HRT 为 24 h，持续进水 2 天之后，逐渐增加哈依煤气厂原水的比例。从第 3 天开始，按照哈依煤气厂污水处理系统的原水占总进水量的 1/4，配水占总进水量的 3/4 进行进水；水力停留时间保持不变，系统运行 2 天之后，将进水中取自哈依煤气的废水的比例提高到 1/2；保持水力停留时间不变，系统继续运行两天之后，将进水中取自于哈依煤气的废水的比例提高到 3/4；按照这个规律，在系统运行至第 9 天时，水解酸化池的进水全部采用哈依煤气厂污水处理系统的进水。连续监测 10 天，可以发现水解酸化池对 COD 的去除率维持在 23%～27%，对石油烃类的去除率维持在 14%～16%，pH 最终保持在 6.05～6.43，MLSS=7 000 mg/L，MLVSS=4 760 mg/L，f=68%，SV=51%，SVI=72.85 mL/g。此时，水解酸化池中污泥由最初的黑色转变为灰褐色，污泥沉降性能良好，各项指标稳定，这种现象表明水解酸化池的启动基本完成，水解酸化菌的数量趋于稳定且活性较高。

2. 水解酸化工艺的启动阶段效果分析

（1）COD 的去除效果

水解酸化池启动过程中，随着污泥驯化和水解酸化池启动过程的进行，系统对 COD 的去除能力整体上是逐渐增加的。第 1 天时，系统的进水完全是由葡萄糖、氯化钾以及磷酸二氢钾混合配置而成，COD 去除率为 9.43%，第 2 天相对于第 1 天系统的降解能力有所上升。第 3 天时，系统的进水中有 1/4 变成了取自于哈依煤气厂污水处理系统的原水，因而进水对于池内微生物的毒害作用更大，原水中所含有的高分子难降解有机物也增加了降解难度，因此 COD 去除率下降为 6.24%，此后的趋势类似，每当系统进水中取自于哈依煤气的原水比例增加时，系统对 COD 的去除率会有所下降。从第 9 天之后，系统的进水全部采用哈依煤气厂的原水，而随着驯化时间的延长，水解酸化池对 COD 的去除能力也逐步增加，当驯化至第 13 天以后，系统对 COD 的去除率维持在 13%～15%，系统降解能力稳定，标志着驯化基本完成。

（2）石油烃类的去除效果

随着污泥驯化和水解酸化池启动过程的进行，系统对石油烃类的去除能力整体上也是逐渐增加的。在整个启动过程中，每天始终投加 50 mg/L 左右的液状石蜡和固体石蜡的混合液来模拟石油烃类物质，从而使能够降解石油烃类的微生物种群成为优势菌群。第 1 天时，系统的进水完全是由葡萄糖、氯化铵和磷酸二氢钾配置而成的，故总的石油烃类浓度为 50 mg/L，去除率为 5.37%。第 2 天相对于第 1 天系统的降解能力有所上升。第 3 天时，系统的进水中有 1/4 变成了取自于哈依煤气厂污水处理系统的原水，因而水解酸化池中的石油烃类的浓度相应地增加到了 60～65 mg/L，石油烃类浓度的突然增加使 COD 去除率下降为 3.19%。此后的趋势类似，每当系统进水中取自于哈依煤气的原水比例增加时，系统对石油烃类的去除率会有所下降。从第9天之后，系统的进水全部采用哈依煤气厂的原水，因此水解酸化池中的石油烃类浓度始终保持在 $100 \sim 110$ mg/L。随着驯化时间的延长，水解酸化池对石油烃类的去除能力也逐步增加。当驯化至第13天以后，系统对石油烃类的去除率维持在 8% 左右，系统降解能力稳定，标志着驯化基本完成。

（3）启动过程中 B/C 的变化

进出水的 B/C 值是表征水质可生化性高低的重要参数，通过分析水解酸化池进出水的 B/C 值的变化，对于评价水解酸化池的作用，以及表征水解酸化池中污泥的驯化程度具有重要的意义。因此在水解酸化池的启动阶段，也把 B/C 值的变化作为一个重要的考察对象。但是由于 BODS 测量的过程比较复杂且本试验每天需要测试的项目较多，因此，只在系统启动之初和系统启动结束后测量对应的 B/C 值来考查系统水质可生化性的变化。

试验测得进水的 B/C 值为 0.24 左右，这与煤化工废水可生化性低、处理难度大有直接的关系。第10天时（进水全部为哈依煤气厂原水），出水的 B/C 值和进水差别不大，甚至有时候会出现出水的 B/C 值比进水还要小，这也表明水解酸化池中的水解酸化菌还没有成为优势菌群，致使废水中的难降解有机物并不能得到充分的利用和分解。第18天时，测得水解酸化池出水的 B/C 值为 0.43，可见此时废水通过水解酸化池之后可生化性得到了大大的提高，也表明池内微生物生长状况良好，系统启动完成。

（4）启动过程中 pH 值的变化

pH 值正常与否是水解酸化池正常运行的重要标志，因此也可以把系统内 pH 值的变化作为表征水解酸化池启动完成与否的参数。研究表明，在酸化菌的作用下，废水中的有机物会被转化成有机酸等物质，使系统呈偏酸性。

启动初期，由于系统内水解酸化菌并没有形成优势菌种，因此系统内的 pH 值主要由进水决定，与哈依煤气厂出水的 pH 值相当，在 7.0 左右波动。从第4天开始，pH 值开始出现下降的趋势，一直到第12天，水解酸化池内的 pH 值降到 6.37。从第12天到第18天，系统的 pH 值变化不大，一直在 $6.05 \sim 6.45$ 波动。这说明水解酸化菌逐渐成熟并成为系统内的优势菌群，池内微生物对废水的酸化作用比较明显。

（三）水解酸化工艺处理煤化工废水中石油烃类影响因素分析

1. HRT 对系统处理效果的影响

由于水解酸化池中的水解酸化菌的世代周期相对较短，水解酸化的速度较快。一般情况下，水解酸化池的 HRT 在 4 h 以内。但是研究表明，水解酸化池的最佳水力停留时间还取决于进水的可生化性的高低，可生化性越低的废水需要在水解酸化池中的停留时间越长。

在原水 pH 值不做调整（6.8～7.1），控制曝气强度使水解酸化池中 DO ≤ 0.5 mg/L，保持温度为 20℃的条件下，不投加石油烃类模拟营养物质时，分别考察处理周期为 6 h、10 h、14 h 时系统对 COD 和石油烃类的降解能力。

水解酸化池对 COD 和石油烃类的处理能力整体上随着水力停留时间的增加而逐渐增强。这是因为 HRT 增加时，废水在系统中的停留时间也会增加，有利于进水中的胶体、颗粒物质充分地被反应器底部的污泥床吸附和截留，同时有利于兼性微生物更加充分地利用污染物作为其营养源进行生长和繁殖。当 HRT 为 10 h 时，效果较好，COD 和石油烃类的去除率分别达到 18% 和 12.50%，此后继续延长 HRT 至 14 h 时，水解酸化池的处理效果增加得并不明显，系统的处理效果与 HRT 为 10 h 时的处理效果差别不大。这可能是因为 10 h 的水力停留时间已能够充分满足水解酸化池中微生物对污染物的吸附和水解酸化作用，继续延长水力停留时间并没有明显的效果。所以，从降解效果和节约经费双重角度考虑，选择处理周期为 10 h 比较合理。

2. DO 对系统处理效果的影响

控制水解酸化池 HRT 为 10 h，温度为 20 ℃时，pH 值不做调整，通过改变曝气强度使反应器中的 DO 分别为 0.1 mg/L、0.3 mg/L、0.5 mg/L、0.7 mg/L 时，考察溶解氧的含量对系统降解能力的影响。

水解酸化池中的水解酸化菌是兼性厌氧菌，属于在有氧或者无氧的环境中均可生长繁殖的微生物。研究发现，一般的水解酸化池需要通过搅拌装置控制其 DO 保持在 0.5mg/L 以内。当 DO ≤ 0.5 mg/L 时，水解酸化池对进水中 COD 和石油烃类的处理能力较好。当 DO=0.3 mg/L 时效果最佳，此时系统对 COD 和石油烃类的处理率可分别达到 23% 和 15.50%。当系统内溶解氧含量继续增加至 0.7 mg/L，水解酸化池对石油烃类的降解能力反而呈现下降的趋势，系统运行至第 16 天时，COD 和石油烃类的降解率会分别降至 17.60% 和 10.30%，说明此时氧含量过高，已经成了抑制水解酸化菌生长的重要因素。综上分析，系统内溶解氧含量维持在 0.3 mg/L 比较合适。

3. 温度对系统处理效果的影响

温度是影响微生物生长繁殖和生化反应的重要因素之一。试验将水解酸化池的温度设定在 20℃、30℃、40℃时，在其 HRT 为 24 h、pH 值不做调整、DO=0.3 mg/L 时，考察温度对系统降解能力的影响。

在池内温度维持在 30 ℃时，水解酸化池对 COD 和石油烃类的去除效果较好，COD 和石油烃类去除率分别达到 28.50% 和 19%，当池内温度为 20℃或者 40℃时，水解酸化池对 COD 和石油烃类的去除效果均没有温度为 30℃时好。所以在实际工程应用中，应保持水解酸化池的温度在 30℃左右。此外，相对于 SBR 反应器，温度变化对于水解酸化池中微生物处理效果的影响较小。这可能是因为水解酸化池中的水解酸化菌的浓度较高，水解酸化的初期主要依靠微生物对目标污染物的吸附等物理过程，从而部分抵消了温度变化对微生物活性的影响。

4. 冲击负荷对系统处理效果的影响

控制水解酸化池 HRT 为 10 h，DO=0.3 mg/L，温度为 30℃，pH 值不做调整，分别在在每个周期开始之后向反应器中投加石油烃类物质（固体石蜡和液状石蜡混合液），使水解酸化池进水中石油烃类的浓度维持在 50 ～ 60 mg/L，70 ～ 80 mg/L、90 ～ 100 mg/L，考察水解酸化池的抗冲击负荷能力。

当进水中石油烃类的浓度 50 ～ 60 mg/L 时，水解酸化池对 COD 和石油烃类的去除率可以分别达到 28% 和 18%。当进水中石油烃类的浓度达到 70 ～ 80 mg/L 时，水解酸化池对 COD 和石油烃类的去除率仍然没有出现太大的下降的趋势，直至进水中石油烃类的浓度提高至 90 ～ 100 mg/L 时，系统对 COD 和石油烃类的降解能力下降较为明显。这是因为活性污泥对石油烃类的降解能力随着石油烃类浓度的增加而降低。当煤化工废水中石油烃类浓度大于 80 mg/L 时，已经超过了系统中兼性微生物的极限降解能力，此时的石油烃类污染物会黏附在微生物表面，影响微生物对目标污染物的吸附和降解作用。

同时也可以发现，相比 SBR 反应器，水解酸化池具有较强的抗冲击负荷能力，进水中石油烃类浓度相对于 SBR 反应器可以提高约 30%。

五、水解酸化 +A/O 工艺处理煤化工废水中石油烃类的试验研究

水解酸化 +A/O 工艺是工业废水处理中常用的生物处理组合工艺。待处理废水首先进入水解酸化池，池内的水解酸化菌可以把大分子难降解有机物转化为小分子的易降解的有机物，增加废水的可生化性，同时利用水解酸化菌的吸附和截留作用，有效降低进水中污染物的浓度。水解酸化池出水直接进入 A/O 工艺的缺氧池，之后再进入好氧池和沉淀池。其中，分别在好氧池和沉淀池设有污水回流和污泥回流，以增强 AO 工艺中微生物对目标污染物的降解能力。该组合工艺具有抗冲击负荷能力强、生物降解效率高、去除污染物能力强和出水水质良好等优点。

（一）水解酸化 +A/O 工艺处理石油烃类能力的分析

1. 水解酸化 +A/O 工艺对石油烃类的去除效果

水解酸化 +A/O 工艺的运行过程中，控制水解酸化池的 HRT=10 h，DO=0.3 mg/L，温度在 30℃左右，A/O 工艺的 HRT=16 h，污水内循环比 E=175%，污泥回流比 r=70%，O 池 DO=3.0 mg/L。进水直接取自哈依煤气污水处理系统进水，其中 COD=1 300 ～ 1400 mg/L，石油烃类的浓度为 50 ～ 60 mg/L。不投加石油烃类的模拟物质，正常运行 10 天。在水解酸化 +A/O 工艺运行的 10 天中，该组合工艺处理效果良好，其对 COD 的去除率稳定在 92% ～ 96%，对石油烃类的去除率稳定在 84.5% ～ 88.5%，出水水质良好，出水中 COD 的含量低于 100 mg/L，石油烃类的

含量低于 10 mg/L，出水达到了国家《污水排放综合标准》中一级标准的要求。

2. 水解酸化 +A/O 工艺的抗冲击负荷能力

控制水解酸化池的 HRT=10 h，DO=0.3 mg/L，温度在 30℃ 左右，A/O 工艺的 HRT=16h，污水内循环比 R=175%，污泥回流比 r=70%，DO=3.0mg/L。进水直接取自哈依煤气污水处理系统进水，其中 COD=1 300 ～ 1 400 mg/L，石油烃类的浓度为 50 ～ 60 mg/L。分别在进水时投加不同含量的石油烃类模拟物质（液状石蜡和固体石蜡混合物），使进水的石油烃类的含量分别为 50 ～ 60 mg/L、70 ～ 80 mg/L、90 ～ 100 mg/L，分别运行 6 天，考查组合工艺在进水中石油烃类浓度提高时的去除效果。

在第 1 ～ 6 天，进水中的石油烃类的浓度为 50 ～ 60 mg/L，此时水解酸化 +A/O 组合工艺对 COD 和石油烃类具有较好的处理效果，去除率分别维持在 92% ～ 96% 和 84.5% ～ 88.5%。第 7 天时，进水中石油烃类的浓度提高至 79.8mg/L，并在之后的 6 天保持进水中石油烃类的浓度为 70 ～ 80 mg/L。可以看出，当进水石油烃类突然增加时，组合工艺对 COD 和石油烃类的去除率有小幅下降，分别下降至 88.10% 和 82.40%，之后，COD 和石油烃类去除率逐步回升至 93% 和 87% 左右，和进水石油烃类浓度 50 ～ 60 mg/L 时区别不大，同时可以保证出水达标。这可能是因为进水石油烃类浓度突然增加，其对系统中微生物的毒性也突然增加，致使微生物活性降低，去除效果变差，但水解酸化 +A/O 组合工艺具有较强的抗冲击负荷能力，系统中的微生物很快就适应了进水浓度的提高，微生物活性和去除能力恢复到正常水平。第 13 天时，进水中石油烃类的浓度升至 93.7 mg/L，并在之后的 6 天中保持在 90 ～ 100 mg/L。可以看出，当进水中石油烃类的浓度突然升至 93.7 mg/L 时，COD 和石油烃类的去除率骤降至 75.40% 和 64.10%，之后虽然去除率有所提升，但是整体去除能力和进水石油烃类浓度提高前差别较大，出水严重超标。这可能是因为当进水中石油烃类的浓度提高至 90 ～ 100 mg/L 时，已经超过了水解酸化 +A/O 工艺的极限降解能力，此时的石油烃类物质对于微生物相当于毒性物质，会影响微生物的活性。

值得注意的是，水解酸化 +A/O 工艺的抗冲击负荷能力相对于 SBR 工艺有了大幅的提高。SBR 工艺的极限去除能力是 50 ～ 60 mg/L，且出水尚不能达标，而水解酸化 +A/O 工艺在进水石油烃类的浓度为 70 ～ 80 mg/L 时，仍具有良好、稳定的去除效果，出水达到国家一级标准。因此，相对于 SBR 工艺，水解酸化 +A/O 工艺在处理煤化工废水中石油烃类时，其抗冲击负荷能力提高约 30%。

（二）煤化工废水中其他常见污染物对系统运行的影响分析

煤化工废水水质复杂，除石油烃类外，还含有大量的酚类、硫化物、氨氮、氰化物等有毒有害物质。因此，在考查水解酸化 +A/O 工艺对于煤化工废水中石油烃类的去除效果时，分析煤化工废水中其他常见污染物对系统降解能力的影响是非常必要的。

1. 酚类物质对系统处理效果的影响

酚类物质是煤化工废水中的主要污染物，且毒性较大，哈依煤气厂污水处理系统进水的酚类含量为 400～600 mg/L。本试验中通过向进水中额外投加苯酚和邻甲酚的混合液（1：1）来考查酚类物质对于水解酸化 +A/O 工艺降解石油烃类的影响。额外投加的酚类物质混合液的含量分别为 50 mg/L、100 mg/L、200 mg/L。

当第 1 天进水中额外投加 50mg/L 的酚类混合液时，系统对 COD 和石油烃类的去除率相对于正常水平分别下降至 90.30% 和 81.50%。之后的 4 天中，去除率有所回升，但是去除效果相对于进水中不投加酚类物质仍略有下降。第 6 天时，系统进水中额外投加 100 mg/L 的酚类混合液，组合工艺对 COD 和石油烃类的去除率分别下降至 83.60% 和 74.50%，之后逐步回升至 88.67% 和 78.49%。第 11 天，进水中额外投加 200 mg/L 的酚类混合液时，组合工艺对 COD 和石油烃类的去除能力急剧下降，去除率分别下降至 51.20% 和 31.20%。此后，去除能力有所回升，但仍然大幅度低于正常水平，出水严重超标。

从试验结果可以看出，酚类物质对于系统的降解能力具有较大的影响。当进水中的酚类物质含量增加 50～100 mg/L 时，系统的降解能力下降较小；当酚类物质的含量增加 200 mg/L 以上时，会对水解酸化 +A/O 工艺的降解能力有巨大的影响，COD 和石油烃类的去除率急剧下降。这是因为酚类物质毒性较强，当进水中酚类物质含量过高时，会对系统中微生物的活性产生较大的抑制作用，影响其去除效果。此外酚类物质也属于有机物，酚类物质和石油烃类对于微生物来说可能是竞争碳源，也会导致系统去除石油烃类的能力下降。

2. 硫化物对系统处理效果的影响

硫化物是煤化工废水中的常见污染物之一，哈依煤气污水处理系统进水中硫化物的含量为 20～40 mg/L。本试验通过额外投加噻吩（煤化工废水中比较常见的硫化物，其分子式为 C_4H_4S）来考查硫化物对系统降解能力的影响。分别投加 10 mg/L、30 mg/L、50 mg/L S^{2-}。当第 1 天进水中额外投加 10 mg/L 的 S^{2-} 时，系统对 COD 和石油烃类的去除率分别下降至 87.40% 和 77.40%，之后 4 天中，去除率略有回升。当第 6 天进水中额外投加 30 mg/L 的 S^{2-} 时，COD 和石油烃类的去除率下降至 75.30% 和 61.40%，之后的 4 天中，系统的去除能力又有所下降，COD 和石油烃类的去除率分别下降至 60% 和 52% 左右。当第 11 天进水中额外投加 50 mg/L 的 S^{2-} 时，系统对 COD 和石油烃类的去除率分别下降至 49.80% 和 42.60%，之后去除率逐渐下降并最终维持在 40% 和 33% 左右，出水严重超标。

可以看出，硫化物对于系统降解能力有一定的影响，而且随着进水中硫化物含量的增加，系统的降解能力是逐渐下降的。COD 和石油烃类去除率下降的多少与进水中硫化物含量的存在一定程度的线性关系。此外，与酚类物质的影响不同的是，当进水中硫化物含量增加时，系统的降解能力是逐步下降的，这是因为硫化物极易被氧化而消耗水中的溶解氧，使系统中的溶解氧含量下降。当溶解氧含量开始下降时，微生物的活性有所下降但幅度不大，当溶解氧含量持续较低时，微生物（特别是好氧微生物）的数量和活性就会受到影响，致使系统降解能力的进一步降低。

3. 氰化物对系统处理效果的影响

氰化物属于剧毒物质，煤化工废水中的氰化物含量较低，一般在 0.2 mg/L 左右，但是煤化工厂一般都有氰化钠车间，若氰化钠车间发生泄漏，污水处理系统进水中氰化物的含量就会大大增加，可能会对水处理系统造成重大的影响。因此，通过向进水中投加 NaCN 使得投加量分别相当于 2 mg/L、5 mg/L、10 mg/L 的 CN^-，考察氰化物对系统降解能力的影响。

当第 1 天进水中额外投加 2 mg/L 的 CN^- 时，系统对于 COD 和石油烃类的去除率分别下降至 87.50% 和 76.30%，之后 4 天虽然投加量不变，但是去除率逐渐下降，到第 5 天时分别下降至 78.50% 和 62.40%。当第 6 天进水中额外投加 5 mg/L 的 CN^- 时，COD 和石油烃类的去除率下降至 62.50% 和 48.50%。到第 10 天时，COD 和石油烃类的去除率已经分别下降至 50.10% 和 31.40% 左右。当第 11 天在进水中额外投加 10 mg/L 的 CN^- 时，系统对 COD 和石油烃类的去除率分别为 41.50% 和 26.40%，之后去除率逐渐下降并最终维持在 32% 和 18% 左右，出水严重超标。

可以看出，氰化物对于系统降解能力有较大的影响，随着系统进水中氰化物含量的增加，水解酸化 +A/O 工艺对煤化工废水中石油烃类的去除能力是急剧下降的。由此可见，氰化物对于系统中微生物的毒性作用是非常强的。实际的工程应用中，必须重视监测进水中氰化物的含量。

参考文献

［1］株式会社西原环境. 污水处理的生物相诊断［M］. 赵庆祥，长英夫，译. 北京：化学工业出版社，2012.

［2］靳辛. 采油污水处理及实例分析［M］. 北京：中国石化出版社，2012.

［3］赵杉林. 石油石化废水处理技术及工程实例［M］. 北京：中国石化出版社，2012.

［4］北京市城市节约用水办公室. 中水工程实例及评析［M］. 北京：中国建筑工业出版社，2003.

［5］崔玉川，杨崇豪，张东伟. 城市污水回用深度处理设施设计计算［M］. 北京：化学工业出版社，2004.

［6］许振良. 膜法水处理技术［M］. 北京：化学工业出版社，2001.

［7］张葆宗. 反渗透水处理应用技术［M］. 北京：中国电力出版社，2004.

［8］苑宝玲，王洪杰. 水处理新技术原理与应用［M］. 北京：化学工业出版社，2006.

［9］王熹，王湛，杨文涛，等. 中国水资源现状及其未来发展方向展望［J］. 环境工程，2014，3（07）：1-5.

［10］戚瑞，耿涌，朱庆华. 基于水足迹理论的区域水资源利用评价［J］. 自然资源学报，2011，26(03)：486-495.

［11］俞小明，杨岳平，徐新华. 高级光化学氧化技术及其应用［J］. 环境科学导刊，2010，29(S2)：4-6.

［12］胡洪营，赵文玉，吴乾元. 工业废水污染治理途径与技术研究发展需求［J］. 环境科学研究，2010，23(07)：861-868.